essentials

essentials liefern aktuelles Wissen in konzentrierter Form. Die Essenz dessen, worauf es als „State-of-the-Art" in der gegenwärtigen Fachdiskussion oder in der Praxis ankommt. *essentials* informieren schnell, unkompliziert und verständlich

- als Einführung in ein aktuelles Thema aus Ihrem Fachgebiet
- als Einstieg in ein für Sie noch unbekanntes Themenfeld
- als Einblick, um zum Thema mitreden zu können

Die Bücher in elektronischer und gedruckter Form bringen das Fachwissen von Springerautor*innen kompakt zur Darstellung. Sie sind besonders für die Nutzung als eBook auf Tablet-PCs, eBook-Readern und Smartphones geeignet. *essentials* sind Wissensbausteine aus den Wirtschafts-, Sozial- und Geisteswissenschaften, aus Technik und Naturwissenschaften sowie aus Medizin, Psychologie und Gesundheitsberufen. Von renommierten Autor*innen aller Springer-Verlagsmarken.

Weitere Bände in der Reihe https://link.springer.com/bookseries/13088

Laura Gioia Andrea Keller

Höhere Mathematik kompakt

Was Sie für die Prüfung wissen müssen

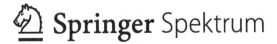 Springer Spektrum

Laura Gioia Andrea Keller
Departement Mathematik, ETH Zürich
Zürich, Schweiz

ISSN 2197-6708 ISSN 2197-6716 (electronic)
essentials
ISBN 978-3-662-64745-5 ISBN 978-3-662-64746-2 (eBook)
https://doi.org/10.1007/978-3-662-64746-2

Die Deutsche Nationalbibliothek verzeichnet diese Publikation in der Deutschen Nationalbibliografie; detaillierte bibliografische Daten sind im Internet über http://dnb.d-nb.de abrufbar.

Planung/Lektorat: Annika Denkert
Springer Spektrum ist ein Imprint der eingetragenen Gesellschaft Springer-Verlag GmbH, DE und ist ein Teil von Springer Nature.
Die Anschrift der Gesellschaft ist: Heidelberger Platz 3, 14197 Berlin, Germany

Was Sie in diesem *essential* finden können

Im vorliegenden *essential* finden Sie in kompakter Art und Weise die wichtigsten mathematischen Sätze und Rechenregeln der Höheren Mathematik wie sie in allen natur- und ingenieurwissenschaftlichen Studien gefordert wird.

- Sie haben zu jedem Thema Hinweise auf die wichtigsten Konzepte, die für das Verständnis unabdingbar sind.
- Zu wichtigen Vorgehensweisen wie dem Lösen von gewöhnlichen Differentialgleichungen oder der Optimierung mit oder ohne Nebenbedingungen finden Sie Schritt-für-Schritt-Anleitungen.
- Zu Themen wie partielle Differentialgleichungen finden Sie eine Zusammenstellung der wichtigsten Lösungsmethoden.
- Der Index und die Literaturliste erlauben es Ihnen, schnell ein Resultat nachzuschlagen oder weiterführendes Material zu finden.
- Dieses *essential* eignet sich auch hervorragend als Prüfungsbegleiter, sowohl in der Vorbereitungsphase als auch als Spickzettel.

Unmöglichkeiten sind die schönsten Möglichkeiten.

Nikolaus Harnoncourt

Geleitwort

Das vorliegende Buch ist die perfekte Ergänzung zum Werk „Mathematik interaktiv und verständlich – für Naturwissenschaftler, Ingenieure und Mediziner" [4] von Laura G. A. Keller.

Die Zusammenfassungen sind einerseits auf das oben genannte Buch abgestimmt, sie decken andererseits auch ganz allgemein die wichtigsten Themen der Mathematik als Grundlage in verschiedenen anderen Disziplinen der Natur- und Ingenieurwissenschaften ab. Sie enthalten insbesondere alles Wichtige für eine gute Prüfungsvorbereitung. Zu jedem Thema wurden zudem sorgfältige Repetitionshinweise beigefügt, welche dem Werk einen didaktischen Mehrwert verleihen.

Das vorliegende Buch kann hervorragend als „offizieller Spickzettel" bei Prüfungen eingesetzt werden – gegebenenfalls mit individuellen, persönlichen Ergänzungen erweitert.

Zürich   Norbert Hungerbühler
Oktober 2021   Tristan Rivière

Vorwort

Dieses Buch ergänzt das Lehrbuch „Mathematik interaktiv und verständlich – für Naturwissenschaftler, Ingenieure und Mediziner" [4] der gleichen Autorin auf ideale Art und Weise.

Im vorliegenden Werk wird das, was jede Studentin, jeder Student an mathematischen Grundlagen für ein erfolgreiches Studium wissen muss, kurz und kompakt zusammengefasst (mit hilfreichen Tabellen und „Rezepten" zu den wichtigsten Anwendungen wie dem Lösen von Differentialgleichungen oder der Optimierung, einer Tabelle der wichtigsten Symbole, einem übersichtlichen Index und einer Liste mit Hinweisen auf weitere Formelbücher).

Somit kann dieses Buch einerseits in der Prüfungsvorbereitung gebraucht werden (wo die integrierten Repetitionshinweise eine Orientierung bieten), andererseits auch direkt als Hilfsmittel in Prüfungen oder als Nachschlagewerk verwendet werden.

Ich danke all denjenigen ganz herzlich, welche mich während der Entstehungsphase des vorliegenden Buches stets unterstützt und gefördert haben.

Insbesondere danke ich einerseits meiner Familie für die moralische Unterstützung und andererseits meinen Kolleginnen, Kollegen und Assistierenden für ihre wertvollen fachlich-didaktischen Hinweise und Anregungen.

Schliesslich bedanke ich mich bei der ETH Zürich für die hervorragenden Arbeitsbedingungen und die exzellente Unterstützung meiner beruflichen Entwicklung und meiner Projekte.

Zürich
Oktober 2021

Laura G. A. Keller

Inhaltsverzeichnis

Acronyms

$\forall$	Quantor „für alle"
$\exists$	Quantor „es gibt ein"
$\exists!$	Quantor „es gibt genau ein"
$\nexists$	Quantor „es gibt kein"
$\neg$	Quantor der Negation
$\vee$	logisches Oder (einschließend)
$\wedge$	logisches Und
$\Rightarrow$	Implikation
$\Leftrightarrow$	Äquivalenz
$\emptyset$	leere Menge
$\in$	ist Element von
$\cup$	Vereinigung von Mengen
$\cap$	Schnitt von Mengen
$\setminus$	Differenz von Mengen
$\subset$	Teilmenge
A^c	Komplement der Menge A
$(a, b) =]a, b[$	offenes Intervall
$[a, b]$	abgeschlossenes Intervall
$[a, b)$	halboffenes Intervall
$\mathbb{N}$	Menge der naturlichen Zahlen
$\mathbb{N}_0$	Menge der natürlichen Zahlen mit null
$\mathbb{Z}$	Menge der ganzen Zahlen
$\mathbb{Q}$	Menge der rationalen Zahlen
$\mathbb{R}$	Menge der reellen Zahlen
$\mathbb{R}^+ = (0, \infty)$	strikt positive reelle Zahlen
$\mathbb{R}_0^+ = [0, \infty)$	positive reelle Zahlen einschließlich null

$\mathbb{R}^- = (-\infty, 0)$	strikt negative reelle Zahlen
$\mathbb{R}_0^- = (-\infty, 0]$	negative reelle Zahlen einschließlich null
$\max(X)$	Maximum der Menge X
$\min(X)$	Minimum der Menge X
$\sup(X)$	Supremum der Menge X
$\inf(X)$	Infimum der Menge X
$\mathbb{C}$	Menge der komplexen Zahlen
i	komplexe Einheit
$Re(z)$	Realteil der komplexen Zahl z
$Im(z)$	Imaginärteil der komplexen Zahl z
$\lim$	Grenzwert, Limes
$\lim_{x \nearrow c} f(x) = \lim_{x \to c^-} f(x)$	linksseitiger Grenzwert
$\lim_{x \searrow c} f(x) = \lim_{x \to c^+} f(x)$	rechtsseitiger Grenzwert
$\lim\sup$	Limes superior
$\lim\inf$	Limes inferior
$\ln(x)$	natürlicher Logarithmus von x zur Basis e
$\log(x)$	Logarithmus von x zur Basis 10
e	Eulersche Zahl
$a \circ u$	Verknüpfung der äusseren Funktion a mit der inneren Funktion u
$\frac{d}{dx}$	Ableitung nach x (Operator)
f'	erste Ableitung der Funktion f
f''	zweite Ableitung der Funktion f
$f^{(n)}$	n-te Ableitung der Funktion f
$\int$	unbestimmtes Integral, Stammfunktion
$\int_a^b$	bestimmtes Integral zwischen a und b
$C^1(I)$	Menge der stetig differenzierbaren Funktionen auf dem Intervall I
$\frac{\partial}{\partial x}$	partielle Ableitung nach x (Operator)
$\vec{v} \cdot \vec{w}$	Skalarprodukt zweier Vektoren im $\mathbb{R}^n$
$\vec{v} \times \vec{w}$	Vektorprodukt (Kreuzprodukt) zweier Vektoren im $\mathbb{R}^n$
A^T	zur Matrix A transponierte Matrix
A^{-1}	zur Matrix A inverse Matrix
$dim(V)$	Dimension des Vektorraums V
$im(f)$	Bild der linearen Abbildung f
$ker(f)$	Kern der linearen Abbildung f
$det(M)$	Determinante der Matrix M
$\vec{n}$	normierter (nach aussen weisender) Normalenvektor

∇f	Gradient von f
$rot(\vec{F})$	Rotation des Vektorfeldes $\vec{F}$
$div(\vec{F})$	Divergenz des Vektorfeldes $\vec{F}$
$V^{\perp}$	senkrechter Anteil eines Vektorfeldes
$erf(x)$	Fehlerfunktion
$erfc(x)$	konjugierte Fehlerfunktion
$\mathcal{F}\{u\}(\omega) = \hat{u}(\omega)$	Fouriertransformation von u
$\mathcal{L}\{u\}(s) = U(s)$	Laplacetransformation von u

Allgemeine Formeln und Logik

Die folgenden Begriffe und Konzepte werden als bekannt vorausgesetzt:

Aussage, Verknüpfung von Aussagen, Quantoren, Menge, Element, Intervall, Maximum, Minimum, Supremum und Infimum.
Erklärungen dieser Begriffe findet man z. B. im Buch von Keller [4], Kap. 1.

Tatsachen und Regeln
Wir beginnen mit dem

Satz über die wichtigsten Regeln der Aussagelogik

$$\neg(\forall x\ A(x)) \Leftrightarrow \exists x\ \neg A(x)$$

$$\neg(\exists x\ A(x)) \Leftrightarrow \forall x\ \neg A(x)$$

$$\forall x\ (A(x) \wedge B(x)) \Leftrightarrow (\forall x\ A(x)) \wedge (\forall x\ B(x))$$

$$\exists x\ (A(x) \vee B(x)) \Leftrightarrow (\exists x\ A(x)) \vee (\exists x\ B(x))$$

Laura G. A. Keller, *Höhere Mathematik kompakt,* essentials, https://doi.org/10.1007/978-3-662-64746-2_1

Nun zu wichtigen Kenngrössen von Mengen:

Satz über Minimum, Maximum, Infimum und Supremum
Es gilt:

- Maximum und Minimum, respektive Infimum und Supremum sind eindeutig bestimmte Grössen.
- Jede nicht leere, nach unten beschränkte Menge $M \subset \mathbb{R}$ besitzt ein eindeutiges Infimum I.
  Und dieses kann wie folgt charakterisiert werden

$$(\forall x \in M : \ x \geq I) \wedge (\forall \varepsilon > 0 \ \exists x \in M : \ x < I + \varepsilon)$$

- Jede nicht leere, nach oben beschränkte Menge $M \subset \mathbb{R}$ besitzt ein eindeutiges Supremum S.
  Und dieses kann wie folgt charakterisiert werden

$$(\forall x \in M : \ x \leq S) \wedge (\forall \varepsilon > 0 \ \exists x \in M : \ x > S - \varepsilon)$$

Und zum Schluss noch einige wichtige **trigonometrische Identitäten:**

$$\cos^2(w) + \sin^2(w) = 1 \quad \text{und} \quad \cosh^2(w) - \sinh^2(w) = 1, \quad w \in \mathbb{R}$$

Und eine nützliche Ungleichung für Vektoren:

Die **Cauchy-Schwarz-Ungleichung** für zwei Vektoren $x, z \in \mathbb{R}^n$ lautet

$$\left(\sum_{i=1}^{n} x_i z_i \right)^2 \leq \left(\sum_{i=1}^{n} x_i^2 \right) \left(\sum_{i=1}^{n} z_i^2 \right).$$

Komplexe Zahlen

2

Die folgenden Begriffe und Konzepte werden als bekannt vorausgesetzt:

Komplexe Einheit, komplexe Zahlen, Normal- und Polarform einer komplexen Zahl, Real- und Imaginärteil einer komplexen Zahl, Betrag einer komplexen Zahl, Abstand zwischen komplexen Zahlen, komplex konjugierte Zahl, Polarwinkel, Argument einer komplexen Zahl und Polynomdivision.

Erklärungen dieser Begriffe findet man z. B. im Buch von Keller [4], Kap. 2.

Tatsachen und Regeln

Satz zum Betrag komplexer Zahlen

Für den **Betrag** von komplexen Zahlen $z, w \in \mathbb{C} = \{a + ib \mid a, b \in \mathbb{R}\}$ (mit $i^2 = -1$) gelten die folgenden Regeln:

1. $|z + w| \leq |z| + |w|$ (Dreiecksungleichung)
2. $|z \cdot w| = |z||w|$

Wir fahren weiter mit dem

Satz zum Rechnen mit der komplex konjugierten Zahl

1. $z \cdot \bar{z} = |z|^2, \quad z \in \mathbb{C}$
2. $z + \bar{z} = 2Re(z)$ und $z - \bar{z} = 2i\,Im(z), \quad z \in \mathbb{C}$
3. $\bar{\bar{z}} = z, \quad z \in \mathbb{C}$

© Der/die Autor(en), exklusiv lizenziert durch Springer-Verlag
GmbH, DE, ein Teil von Springer Nature 2022
Laura G. A. Keller, *Höhere Mathematik kompakt*, essentials,
https://doi.org/10.1007/978-3-662-64746-2_2

4. $\overline{z \pm w} = \overline{z} \pm \overline{w}, \quad \overline{z \cdot w} = \overline{z} \cdot \overline{w}, \quad \overline{z/w} = \overline{z}/\overline{w}, \quad z, w \in \mathbb{C}$

5. $z = \overline{z}$, falls $z \in \mathbb{R}$ und $\overline{z} = -z$, falls z rein imaginär

Und schliesslich gilt der

Satz: Eulersche Formel und Folgerungen daraus
Aus der **Eulerschen Formel**

$$e^{it} = \cos(t) + i\sin(t), \quad t \in \mathbb{R}$$

folgt

$$\cos(t) = \frac{e^{it} + e^{-it}}{2} \quad \text{und} \quad \sin(t) = \frac{e^{it} - e^{-it}}{2i}, \quad t \in \mathbb{R}$$

Wobei gilt:

Satz zum Rechnen mit der Exponentialfunktion
Für die **Exponentialfunktion** gilt

1. $e^{z+w} = e^z \cdot e^w, \quad z, w \in \mathbb{C}$
2. $e^z = e^{a+ib} = e^a(\cos(b) + i\sin(b)), \quad z \in \mathbb{C}, a, b \in \mathbb{R}$
3. $e^{z+i2\pi} = e^z$, allgemeiner gilt $e^{z+ik2\pi} = e^z \ \forall k \in \mathbb{Z}, \quad z \in \mathbb{C}$
4. $\overline{e^{it}} = e^{-it}, \quad t \in \mathbb{R}$

Zur **Umrechnung** zwischen Normal- und Polarform sind die folgenden Regeln zu beachten:

Satz zur Umrechnung zwischen Normal- und Polarform

Polar- in Normalform	Normal- in Polarform
$z = re^{i\varphi}$	$z = x + iy$
$z = x + iy$	$z = re^{i\varphi}$
$x = r\cos(\varphi)$	$r = |z| = \sqrt{x^2 + y^2}$
$y = r\sin(\varphi)$	$\varphi = \arctan(\frac{y}{x})$ falls $x > 0$
	$\varphi = \arctan(\frac{y}{x}) + \pi$ falls $x < 0$ und $y \geq 0$
	$\varphi = \arctan(\frac{y}{x}) - \pi$ falls $x < 0$ und $y < 0$

Achtung: Bei der Umrechnung von Normal- in Polarform ist der Fall $x = y = 0$ ausgeschlossen.

Falls $x = 0$ und $y \neq 0$, verwenden wir die Konvention

$$arg(iy) = \begin{cases} \pi/2, & y > 0 \\ -\pi/2, & y < 0 \end{cases}$$

Bemerkung: Alternativ kann der Polarwinkel φ auch mit der folgenden Formel berechnet werden:

$$\varphi = \arccos(x/r), \quad \text{falls } y \geq 0$$
$$\varphi = -\arccos(x/r), \text{ falls } y < 0$$

Ausserdem sind die folgenden Werte der trigonometrischen Winkelfunktionen hilfreich:

Winkel im Gradmass	0°	30°	45°	60°	90°	180°	270°	360°
Winkel im Bogenmass	0	$\frac{\pi}{6}$	$\frac{\pi}{4}$	$\frac{\pi}{3}$	$\frac{\pi}{2}$	π	$\frac{3\pi}{2}$	2π
Sinus	0	$\frac{1}{2}$	$\frac{\sqrt{2}}{2} = \frac{1}{\sqrt{2}}$	$\frac{\sqrt{3}}{2}$	1	0	-1	0
Cosinus	1	$\frac{\sqrt{3}}{2}$	$\frac{\sqrt{2}}{2} = \frac{1}{\sqrt{2}}$	$\frac{1}{2}$	0	-1	0	1
Tangens	0	$\frac{\sqrt{3}}{3} = \frac{1}{\sqrt{3}}$	1	$\sqrt{3}$	$-$	0	$-$	0

Nun zu weiteren Rechenregeln:

Satz zur Berechnung von Potenzen und Wurzeln aus komplexen Zahlen

1. $z_1 \cdot z_2 = r_1 e^{i\varphi_1} \cdot r_2 e^{i\varphi_2} = r_1 \cdot r_2 e^{i(\varphi_1 + \varphi_2)}, \quad z_1/z_2 = r_1 e^{i\varphi_1}/r_2 e^{i\varphi_2} = \frac{r_1}{r_2} e^{i(\varphi_1 - \varphi_2)}$
2. $z^n = r^n e^{ni\varphi}$

Wurzeln aus komplexen Zahlen, d. h. die Lösungen der Gleichung $z^n = r e^{i\varphi}$ sind gegeben durch

$$z_k = r^{1/n} e^{i(\varphi/n + k2\pi/n)}, \quad k = 0, \ldots, n-1, \quad n \in \mathbb{N}$$

Beim Arbeiten mit polynomialen Gleichungen, insbesondere beim Bestimmen von Nullstellen sind die folgenden Resultate hilfreich:

Satz zum Lösen quadratischer Gleichungen
Die Lösungen einer **quadratischen Gleichung** $az^2 + bz + c = 0$ mit $a, b, c \in \mathbb{C}$ sind bestimmt durch die Formel

$$z_{1,2} = \frac{-b \pm \sqrt{b^2 - 4ac}}{2a}$$

Fundamentalsatz der Algebra
Jedes Polynom

$$p(z) = a_n z^n + a_{n-1} z^{n-1} \cdots + a_1 z + a_0 = \sum_{k=0}^{n} a_k z^k, \quad a_k \in \mathbb{C}$$

kann in n Linearfaktoren faktorisiert werden, d. h. geschrieben werden als

$$p(z) = a_n(z - z_1)(z - z_2) \ldots (z - z_{n-1})(z - z_n).$$

Die Zahlen z_k sind also gerade die Nullstellen von $p(z)$ (mit Vielfachheit).

Zudem gilt:

Satz für Polynome mit lauter reellen Koeffizienten
Die nicht-reellen Nullstellen eines Polynoms mit lauter **reellen** Koeffizienten treten in komplex konjugierten Paaren auf.

Folgen 3

Die folgenden Begriffe und Konzepte werden als bekannt vorausgesetzt:

Folge, geometrische und arithmetische Folge, Grenzwert, Limes, Konvergenz und Divergenz, monoton wachsende/fallende Folge, Häufungspunkt, Limes superior und Limes inferior.

Erklärungen dieser Begriffe findet man z. B. im Buch von Keller [4], Kap. 3.

Tatsachen und Regeln

Eine Folge a_n hat einen **Grenzwert (Limes)** L, falls gilt

$$\forall \varepsilon > 0 \; \exists N > 0 \text{ so dass } \forall n > N \; : \; |a_n - L| < \varepsilon$$

Wir beginnen mit dem

Satz zur Berechnung von Grenzwerten

- Der Grenzwert einer Folge ist eine eindeutig bestimmte Grösse.
- Wir nehmen an, es gelte
  $\lim_{n \to \infty} a_n = K(\neq \pm\infty)$, $\lim_{n \to \infty} b_n = L(\neq \pm\infty)$ und C sei eine beliebige feste Zahl, dann gilt:

  1. $\lim_{n \to \infty}(a_n + b_n) = K + L$
  2. $\lim_{n \to \infty}(a_n - b_n) = K - L$
  3. $\lim_{n \to \infty}(a_n \cdot b_n) = K \cdot L$
  4. $\lim_{n \to \infty}(C \cdot a_n) = C \cdot K$
  5. Falls $L \neq 0$ und $b_n \neq 0$, haben wir $\lim_{n \to \infty}(a_n/b_n) = K/L$

© Der/die Autor(en), exklusiv lizenziert durch Springer-Verlag GmbH, DE, ein Teil von Springer Nature 2022
Laura G. A. Keller, *Höhere Mathematik kompakt*, essentials,
https://doi.org/10.1007/978-3-662-64746-2_3

Des Weiteren gilt der

Satz über spezielle Folgen

1. Die Folge $a_n = x^n$ konvergiert für x mit $|x| < 1$ gegen null und divergiert für x mit $|x| > 1$.
2. Die Folge $a_n = n^{-p}$ konvergiert für $p > 0$ gegen null und divergiert für $p < 0$.

Ein Werkzeug zum Studium von Folgen liefert der

Einschnürungssatz/Sandwich-Theorem
Es seien zwei konvergente Folgen mit gleichem Grenzwert gegeben

$$\lim_{n \to \infty} a_n = L \quad und \quad \lim_{n \to \infty} c_n = L$$

sowie eine dritte Folge (b_n) mit der Eigenschaft, dass für ein $N_0 \in \mathbb{N}$ gilt

$$a_n \leq b_n \leq c_n \quad \forall n \geq N_0$$

dann gilt auch

$$\lim_{n \to \infty} b_n = L$$

Gelten für eine betrachtete Folge einige Zusatzeigenschaften, kann das folgende Ergebnis hilfreich sein, wenn es darum geht, über Konvergenz oder Divergenz einer Folge zu entscheiden:

Satz über monotone Folgen
Jede monotone und beschränkte Folge konvergiert.

Zum Schluss hier noch einige gebräuchliche **Grenzwerte:**

Satz über spezielle Grenzwerte

1. $\lim_{n\to\infty} \frac{\log n}{n} = 0 = \lim_{n\to\infty} \frac{\ln n}{n}$

2. $\lim_{n\to\infty} n^{1/n} = 1$

3. $\lim_{n\to\infty} x^{1/n} = 1,\ x > 0$

4. $\forall x \in \mathbb{R} : \lim_{n\to\infty} \left(1 + \frac{x}{n}\right)^n = e^x$

5. $\forall x \in \mathbb{R} : \lim_{n\to\infty} \frac{x^n}{n!} = 0$

Und für **Limes superior** und **Limes inferior** gilt:

Satz über Limes superior und Limes inferior

- $$\limsup_{n\to\infty} a_n = \inf_{n\in\mathbb{N}} \left(\sup\{a_k | k \geq n\} \right)$$

- $$\liminf_{n\to\infty} a_n = \sup_{n\in\mathbb{N}} \left(\inf\{a_k | k \geq n\} \right)$$

- Ist a_n eine konvergente Folge, so gilt

$$\lim_{n\to\infty} a_n = \limsup_{n\to\infty} a_n = \liminf_{n\to\infty} a_n$$

Reihen

4

Die folgenden Begriffe und Konzepte werden als bekannt vorausgesetzt:

Reihe, geometrische, arithmetische und (verallgemeinerte) harmonische Reihe, Konvergenz und Divergenz einer Reihe, Partialsumme, Potenzreihe, Konvergenzradius und Konvergenzintervall.

Erklärungen dieser Begriffe findet man z. B. im Buch von Keller [4], Kap. 4.

Tatsachen und Regeln

Falls eine Reihe $\sum_{n=0}^{\infty} a_n$ **konvergiert**, muss zwingend gelten (notwendige Bedingung)

$$\lim_{n\to\infty} a_n = 0.$$

Es gilt der

Satz für die (verallgemeinerten) harmonischen Reihen
Die Reihe

$$\sum_{k=1}^{\infty} \frac{1}{k^s} = \sum_{k=1}^{\infty} k^{-s}$$

konvergiert für $s > 1$ und divergiert für $s \leq 1$.

Um die Frage nach der Konvergenz einer Reihe zu beantworten, stehen uns verschiedene **Kriterien** zur Verfügung:

© Der/die Autor(en), exklusiv lizenziert durch Springer-Verlag
GmbH, DE, ein Teil von Springer Nature 2022
Laura G. A. Keller, *Höhere Mathematik kompakt*, essentials,
https://doi.org/10.1007/978-3-662-64746-2_4

Satz: Quotientenkriterium

Die Reihe $\sum_{n=0}^{\infty} a_n$ konvergiert, falls ein $q < 1$ existiert, sodass gilt

$$\lim_{n\to\infty} \left| \frac{a_{n+1}}{a_n} \right| \le q < 1$$

Satz: Wurzelkriterium

Die Reihe $\sum_{n=0}^{\infty} a_n$ konvergiert, falls ein $\rho < 1$ existiert, sodass gilt

$$\lim_{n\to\infty} |a_n|^{1/n} \le \rho < 1$$

Ein weiteres Hilfsmittel, um Reihen auf Konvergenz zu untersuchen, ist der

Satz: Vergleichskriterium

Wir betrachten Reihen $\sum_{n=0}^{\infty} a_n$, $\sum_{n=0}^{\infty} b_n$ und $\sum_{n=0}^{\infty} c_n$ mit nicht-negativen Gliedern, und für eine natürliche Zahl $N \in \mathbb{N}$ gelte

$$c_n \le b_n \le a_n \quad \forall n \ge N$$

Dann gilt

- Falls $\sum_{n=0}^{\infty} a_n$ konvergiert, konvergiert auch $\sum_{n=0}^{\infty} b_n$ (Majorantenkriterium).
- Falls $\sum_{n=0}^{\infty} c_n$ divergiert, divergiert auch $\sum_{n=0}^{\infty} b_n$ (Minorantenkriterium).

Für beliebige Reihen gilt der

Satz über die Rechenregeln für Reihen

1.
$$\sum_{n=0}^{\infty}(a_n + b_n) = \sum_{n=0}^{\infty} a_n + \sum_{n=0}^{\infty} b_n$$

2.
$$\sum_{n=0}^{\infty} C \cdot a_n = C \sum_{n=0}^{\infty} a_n$$

Ganz speziell gilt der

Satz über geometrische Reihen

- Falls $q \neq 0$ und $q \neq 1$, so gilt

$$s_n = a_1 + \cdots + a_n = a + aq + \cdots + aq^{n-1} = a\frac{1-q^n}{1-q}$$

- Falls $|q| < 1$, gilt

$$s = \sum_{n=1}^{\infty} a_n = a\frac{1}{1-q}$$

Und schlussendlich gilt der

Satz über Potenzreihen
Jede Potenzreihe besitzt einen Konvergenzradius R so, dass gilt

1. Die Reihe konvergiert für x mit $|x - a| < R$.
2. Die Reihe divergiert für x mit $|x - a| > R$.

Wobei

Satz zur Bestimmung des Konvergenzradius (Quotientenkriterium für Potenzreihen)

$$R = \lim_{n \to \infty} \left| \frac{c_n}{c_{n+1}} \right|$$

oder alternativ der Konvergenzradius einer Potenzreihe auch mit folgender **Formel von Cauchy-Hadamard** ermittelt werden kann:

$$R = \frac{1}{\displaystyle\limsup_{n \to \infty} |c_n|^{1/n}} = \left(\limsup_{n \to \infty} |c_n|^{1/n} \right)^{-1}$$

Funktionen in einer Variablen 5

Die folgenden Begriffe und Konzepte werden als bekannt vorausgesetzt:

Funktion, Definitionsbereich, Wertebereich, Zielbereich, abhängige und unabhängige Variable, Graph, Konvexität und Konkavität, Verknüpfung von Funktionen, Umkehrfunktion, Injektivität, Surjektivität und Bijektivität, (streng) monoton wachsende/fallende Funktion, lineare Funktion, Exponentialfunktion, Potenzfunktion, trigonometrische Funktion, Polynom, rationale Funktion, Grenzwerte für Funktionen, Stetigkeit, kompaktes Intervall.

Erklärungen dieser Begriffe findet man z. B. im Buch von Keller [4], Kap. 5.

Tatsachen und Regeln
Wir beginnen mit dem

Satz über streng monotone Funktionen
Es gilt: Jede streng monotone Funktion ist injektiv.

Als Nächstes zum Rechnen:

Satz über die Rechenregeln zu Grenzwerten für Funktionen
Wir nehmen an, es gelte
$\lim_{x \to c} f(x) = K (\neq \pm\infty)$, $\lim_{x \to c} g(x) = L (\neq \pm\infty)$ und A sei eine beliebige feste Zahl.

© Der/die Autor(en), exklusiv lizenziert durch Springer-Verlag GmbH, DE, ein Teil von Springer Nature 2022
Laura G. A. Keller, *Höhere Mathematik kompakt,* essentials,
https://doi.org/10.1007/978-3-662-64746-2_5

Dann gilt:

1. $\lim_{x \to c}(f(x) + g(x)) = K + L$
2. $\lim_{x \to c}(f(x) - g(x)) = K - L$
3. $\lim_{x \to c}(f(x) \cdot g(x)) = K \cdot L$
4. $\lim_{x \to c}(A \cdot f(x)) = A \cdot K$
5. Falls $L \neq 0$, haben wir $\lim_{x \to c}(f(x)/g(x)) = K/L$

Ausserdem gilt der

Satz über den Grenzwert einer Funktion
Der Grenzwert $\lim_{x \to c} f(x)$ existiert genau dann, wenn die beiden einseitigen Grenzwerte $\lim_{x \nearrow c} f(x)$ und $\lim_{x \searrow c} f(x)$ existieren und gleich sind.

Zur Erinnerung:
Eine Funktion $f : I \subset \mathbb{R} \to \mathbb{R}$ heisst **an der Stelle c stetig,** falls gilt
Charakterisierung durch ε-δ

$$\forall \varepsilon > 0 \; \exists \delta > 0 \text{ so dass } \forall x \in I \; : \; (|x - c| < \delta \Rightarrow |f(x) - f(c)| < \varepsilon)$$

oder äquivalent
Charakterisierung durch Folgen

$$\lim_{x \nearrow c} f(x) = f(c) = \lim_{x \searrow c} f(x).$$

Wichtige Eigenschaften **stetiger Funktionen** (d. h. stetig an jedem Punkt des Definitionsbereichs):

Satz über die Eigenschaften stetiger Funktionen

Wir gehen von zwei stetigen Funktionen $f, g : I \subset \mathbb{R} \to \mathbb{R}$ aus. Dann gilt:

1. $f + g$ ist stetig
2. $f - g$ ist stetig
3. $c \cdot f$, respektive $c \cdot g$, ist für jede beliebige Konstante $c \in \mathbb{R}$ stetig
4. $f \cdot g$ ist stetig
5. $\frac{f}{g}$ ist stetig, sofern $g \neq 0$
6. Ausserdem ist die Verknüpfung stetiger Funktionen wiederum stetig. Genauer: Es seien $f : I \subset \mathbb{R} \to image(f)$ und $g : image(f) \to image(g)$ zwei stetige Funktionen. Dann ist die Verknüpfung

$$g(f(x)) = g \circ f(x)$$

ebenfalls stetig, und es gilt

$$\lim_{x \to c} g(f(x)) = g(\lim_{x \to c}(f(x)))$$

7. Für eine stetige Funktion f gilt

$$\lim_{n \to \infty} f(a_n) = f(\lim_{n \to \infty} a_n)$$

Eines der wichtigsten und auch anwendungsrelevanten Resultate für stetige Funktionen ist der folgende Satz:

Zwischenwertsatz

Es sei $f : [a, b] \to \mathbb{R}$ eine stetige Funktion und c eine Zahl zwischen $f(a)$ und $f(b)$.

Dann gibt es ein $x \in [a, b]$ mit $f(x) = c$.

Respektive:

Es sei $f : I \subset \mathbb{R} \to \mathbb{R}$ eine stetige Funktion, und es seien $a, b \in I$ mit $f(a) < 0$ und $f(b) > 0$. Dann hat f mindestens eine Nullstelle zwischen a und b.

Insbesondere im Hinblick auf Optimierungsprobleme, bei welchen es darum geht, einen besten Wert einer Grösse zu bestimmen, ist das folgende Resultat hilfreich:

Satz über stetige Funktionen auf kompakten Bereichen
Es sei $f : I \subset \mathbb{R} \to \mathbb{R}$ eine stetige Funktion und I sei abgeschlossen und beschränkt.

Dann nimmt f sein Maximum und Minimum auf I an, d.h. es gibt ein $x_{min} \in I$ und ein $x_{max} \in I$ mit der Eigenschaft

$$\forall x \in I \ : f(x_{min}) \le f(x) \le f(x_{max}).$$

Und zum Schluss noch ein Resultat zur Umkehrfunktion:

Satz über die Stetigkeit der Umkehrfunktion
Es sei $f : I \to J$ eine stetige und bijektive Funktion. Dann ist auch die Umkehrfunktion $f^{-1} : J \to I$ stetig.

Differentialrechnung in einer Variablen 6

Die folgenden Begriffe und Konzepte werden als bekannt vorausgesetzt:

Ableitung(-sfunktion), Differenzierbarkeit, Steigungsdreieck, Sekante, Tangente, mittlere und momentane Änderungsrate, kritischer Punkt, Wendepunkt, lokales und globales Maximum/Minimum, Differential sowie Taylorpolynom und -reihe.

Erklärungen dieser Begriffe findet man z. B. im Buch von Keller [4], Kap. 6.

Tatsachen und Regeln
Wir beginnen mit einer kleinen Zusammenstellung der wichtigsten **Regeln** für die **Ableitung**

$$\lim_{h \to 0} \frac{f(a+h) - f(a)}{h} = f'(a) = \frac{d}{dx} f(a)$$

Zum Beginn:

Satz über die Ableitungsregeln

- $(c \cdot f)'(x) = c \cdot f'(x), c \in \mathbb{R}$
- $(f + h)'(x) = f'(x) + h'(x)$
- $(f - h)'(x) = f'(x) - h'(x)$
- Produktregel $(f \cdot g)'(x) = f'(x) \cdot g(x) + f(x) \cdot g'(x)$
- Quotientenregel $\left(\dfrac{f}{g}\right)'(x) = \dfrac{f'(x) \cdot g(x) - f(x) \cdot g'(x)}{g^2(x)}$
- Kettenregel $(f(g))'(x) = (f \circ g)'(x) = f'(g(x)) \cdot g'(x)$

© Der/die Autor(en), exklusiv lizenziert durch Springer-Verlag
GmbH, DE, ein Teil von Springer Nature 2022
Laura G. A. Keller, *Höhere Mathematik kompakt,* essentials,
https://doi.org/10.1007/978-3-662-64746-2_6

- Ableitung der Umkehrfunktion $(f^{-1})'(x) = \dfrac{1}{f'(f^{-1}(x))}$
- Reziprok $\left(\dfrac{1}{f}\right)'(x) = -\dfrac{f'}{f^2}(x)$

Und nun Regeln für spezielle Funktionen:

Satz über die Ableitungen spezieller Funktionen

- $f(x) = mx + q \Rightarrow f'(x) = m$
- $f(x) = ax^p \Rightarrow f'(x) = a \cdot p \cdot x^{p-1}$
- $f(x) = a^x \Rightarrow f'(x) = \ln(a) \cdot a^x, a > 0$
- $\ln'(x) = \dfrac{1}{x}$, allgemeiner $f(x) = \log_a(x) \Rightarrow f'(x) = \dfrac{1}{x \ln(a)}$
- $\sin'(x) = \cos(x)$
- $\cos'(x) = -\sin(x)$
- $\tan'(x) = \dfrac{1}{\cos^2(x)} = 1 + \tan^2(x)$
- $\sinh'(x) = \cosh(x)$, wobei $\sinh(x) = \dfrac{e^x - e^{-x}}{2}$
- $\cosh'(x) = \sinh(x)$, wobei $\cosh(x) = \dfrac{e^x + e^{-x}}{2}$
- $\arcsin'(x) = \dfrac{1}{\sqrt{1 - x^2}}$
- $\arccos'(x) = \dfrac{-1}{\sqrt{1 - x^2}}$
- $\arctan'(x) = \dfrac{1}{1 + x^2}$

Ausserdem gelten die folgenden Beziehungen zwischen **Differenzierbarkeit** und Stetigkeit:

Satz über Stetigkeit und Differenzierbarkeit
Es gelten die beiden folgenden Tatsachen:

1. Falls eine Funktion f an der Stelle a nicht stetig ist, kann dort keine Ableitung existieren.
2. Besitzt die Funktion f an der Stelle a eine Ableitung, ist f dort insbesondere stetig.

Als Anwendung der Differentialrechnung haben wir:

Satz: Regel von Bernoulli-l'Hôpital
Falls entweder $\lim_{x \to a} f(x) = \pm\infty$ und $\lim_{x \to a} g(x) = \pm\infty$
oder $\lim_{x \to a} f(x) = 0$ und $\lim_{x \to a} g(x) = 0$,
gilt

$$\lim_{x \to a} \frac{f(x)}{g(x)} = \lim_{x \to a} \frac{f'(x)}{g'(x)}$$

sofern $g'(x) \neq 0$ und der Grenzwert auf der rechten Seite existiert.

Mittelwertsatz
Wir betrachten eine Funktion $[a, b] \ni x \mapsto y = f(x)$, welche die Eigenschaften hat, dass

i) f ist stetig auf $[a, b]$
ii) f ist auf (a, b) differenzierbar

Dann gibt es mindestens ein $z \in (a, b)$, so dass gilt

$$\frac{f(b) - f(a)}{b - a} = f'(z).$$

Für eine **Kurvendiskussion** sind die folgenden Tatsachen nützlich:

Satz über die Bedeutung der ersten und zweiten Ableitung

- Ist $f' > 0$ auf einem Intervall, so ist die Funktion dort wachsend.
- Ist $f' < 0$ auf einem Intervall, so ist die Funktion dort fallend.
- Ist $f' = 0$ auf einem Intervall, so ist die Funktion dort konstant.
- Ist $f' = 0$ an einem isolierten Punkt, so kann die Funktion dort ein Maximum oder Minimum haben.
- Die kritischen Punkte, zusammen mit den Punkten, an welchen die Ableitung nicht definiert ist (z. B. Sprungstellen), unterteilen den Definitionsbereich in Intervalle, auf denen die Funktion entweder nur steigend oder nur fallend ist.
- Zwischen f und f' gelten die folgenden Beziehungen:
  - Falls f' auf einem Intervall zunehmend ist, so ist f dort konvex.
  - Falls f' auf einem Intervall abnehmend ist, so ist f dort konkav.
- Zwischen f und f'' gelten die folgenden Beziehungen:
  - Falls der Graph der Funktion f auf einem Intervall konvex ist (linksgekrümmt), so gilt dort $f'' \geq 0$.
  - Falls der Graph der Funktion f auf einem Intervall konkav ist (rechtsgekrümmt), so gilt dort $f'' \leq 0$.
- Mögliche Kandidaten für Wendepunkte findet man über die Bedingung $f'' = 0$.
- Wechselt f'' an der Stelle x das Vorzeichen, liegt an der Stelle x ein Wendepunkt vor.
- An einem Wendepunkt von f hat die Ableitung f' ein lokales Maximum oder Minimum.
- Test für lokales Minimum/Maximum via erste Ableitung:
  - Falls f' an der Stelle x vom Positiven ins Negative wechselt, hat f an dieser Stelle ein lokales Maximum.
  - Falls f' an der Stelle x vom Negativen ins Positive wechselt, hat f an dieser Stelle ein lokales Minimum.
- Test für lokales Minimum/Maximum via zweite Ableitung:
  - Falls $f''(x) < 0$, hat f an dieser Stelle ein lokales Maximum.
  - Falls $f''(x) > 0$, hat f an dieser Stelle ein lokales Minimum.
  - Falls $f''(x) = 0$, sagt dieses Kriterium nichts aus.

Bei der Diskussion von lokalen und globalen Extremalstellen sind die folgenden Vorgehensweisen praktisch:

Vorgehen zur Bestimmung und Diskussion lokaler Extrema

1. Bestimmung aller kritischen Punkte und aller Punkte, an welchen die erste Ableitung nicht definiert ist oder welche auf dem Rand des Definitionsbereichs liegen.
2. Untersuchung aller gefundenen Punkte unter Schritt 1. Dabei kann entweder der Test via zweite Ableitung, das Betrachten der Vorzeichen der ersten Ableitung, der Graph oder der Vergleich mit Funktionswerten in der Nähe zum Zug kommen.

Vorgehen zur Bestimmung und Diskussion globaler Extrema auf kompaktem Intervall

1. Wir bestimmen alle kritischen Punkte innerhalb von $I = [a, b]$ sowie alle Punkte, in welchen die Ableitung nicht definiert ist (z. B. Sprungstellen).
2. Wir werten die Funktion f an allen Punkten aus, die wir in Schritt 1 gefunden haben, sowie an den Stellen $x = a$ und $x = b$.
3. Wir vergleichen alle Werte, die wir in Schritt 2 gefunden haben, und bestimmen den grössten, respektive den kleinsten Wert.

Vorgehen zur Bestimmung der globalen Extrema (optimalen Werte) von f auf $I = (a, b)$ oder auf $\mathbb{R}$

1. Wir bestimmen alle kritischen Punkte innerhalb von $I = [a, b]$ sowie alle Punkte, in welchen die Ableitung nicht definiert ist (z. B. Sprungstellen).
2. Wir werten die Funktion f an allen Punkten aus, die wir in Schritt 1 gefunden haben, und bestimmen die Grenzwerte

$$\lim_{x \to a} f(x) \; und \; \lim_{x \to b} f(x) \; respektive \; \lim_{x \to -\infty} f(x) \; und \; \lim_{x \to \infty} f(x)$$

3. Wir vergleichen alle Werte, die wir in Schritt 2 gefunden haben, und bestimmen den grössten, respektive den kleinsten reellen Wert, welcher auch tatsächlich angenommen wird.

Und bei der Kurvendiskussion ist das folgende Vorgehen nützlich:

Vorgehen Kurvendiskussion

1) **Definitionsbereich**
   – Ist die Funktion überall definiert?
   – Wo sind allfällige Definitionslücken? Sind diese Definitionslücken eventuell hebbar?

2) **Stetigkeit und wichtige Grenzwerte (Verhalten im Unendlichen)**
   – Ist die Funktion überall stetig? Wo sind allfällige Unstetigkeitsstellen?
   – Man bestimme $\lim_{x \to +\infty} f(x)$ und $\lim_{x \to -\infty} f(x)$
   – Falls $\lim_{x \to -\infty} f(x) = c$ (respektive $\lim_{x \to \infty} f(x) = c$), so besitzt die Funktion eine linke (rechte) horizontale Asymptote $y = c$.

3) **Erste Ableitung und zweite Ableitung**
   – Bestimmung von f' und f'' mit den jeweiligen Definitionsbereichen
   – Wo ist die erste (zweite) Ableitung allenfalls nicht definiert?
   – Gibt es vertikale Asymptoten (Polstellen)?
   – Wo ist die Funktion wachsend, wo fallend?

4) **Krümmungsverhalten**
   – Wo ist die Funktion konvex, wo konkav?
   – Wo befinden sich Wendepunkte?

5) **Extremalstellen**
   – Bestimmung kritischer Punkte
   – Bestimmung lokaler Minima und lokaler Maxima
   – Bestimmung globaler Extrema

6) **Skizze des Graphen**

Bei Optimierungsproblemen wird in der Regel wie folgt vorgegangen:

Vorgehen Optimierung

1. Welche Grösse soll optimiert werden?
   Gibt es dafür eine Formel/Gleichung?
   Von welchen anderen Grössen hängt die zu optimierende Grösse ab?
2. Welche anderen Informationen haben wir?
   Können wir sie durch Formeln/Gleichungen beschreiben?
   Kann man Zusammenhänge graphisch veranschaulichen? Schreiben Sie
   allfällige Skizzen genau an!
3. Wie kann man die bisher aufgeschriebenen Gleichungen und Formeln so
   kombinieren und vereinfachen, dass die zu optimierende Grösse nur noch
   von **einer** Variablen abhängt?
4. Auf welchem Gebiet soll nach einem optimalen Wert gesucht werden (Definitionsbereich)?
5. Bestimmung des optimalen Werts!

Neben der Kurvendiskussion ist auch die **Approximation** eine wichtige Anwendung
der Differentialrechnung. Hier gilt:

Satz von Taylor
Wir nehmen an, dass die betrachtete Funktion f auf dem offenen Intervall I
(mit $x_0 \in I$) Ableitungen beliebig hoher Ordnung besitzt. Dann gilt für jedes
beliebige Argument $x \in I$

$$f(x) = f(x_0) + f'(x_0)(x - x_0) + \cdots + \frac{1}{n!} f^{(n)}(x_0)(x - x_0)^n$$

$$+ \frac{1}{(n+1)!} f^{(n+1)}(c)(x - x_0)^{n+1}$$

$$= \sum_{k=0}^{n} f^{(k)}(x_0) \frac{1}{k!} (x - x_0)^k + \frac{1}{(n+1)!} f^{(n+1)}(c)(x - x_0)^{n+1}$$

$$= P_n(x) + R_n(x)$$

für ein c zwischen x_0 und x.

Und hier folgen ein paar wichtige **Taylorreihen:**

Satz über Taylorreihen

- Für alle $x \in \mathbb{R}$ gilt:
  $\sin(x) = \sum_{n=0}^{\infty} (-1)^n \frac{1}{(2n+1)!} x^{2n+1} = x - \frac{1}{3!}x^3 + \frac{1}{5!}x^5 - \ldots$

- Für alle $x \in \mathbb{R}$ gilt: $\cos(x) = \sum_{n=0}^{\infty} (-1)^n \frac{1}{(2n)!} x^{2n} = 1 - \frac{1}{2!}x^2 + \frac{1}{4!}x^4 - \ldots$

- Für alle $x \in \mathbb{R}$ gilt: $e^x = \sum_{n=0}^{\infty} \frac{1}{n!} x^n = 1 + x + \frac{1}{2!}x^2 + \frac{1}{3!}x^3 + \ldots$

- Für $-1 < x < 1$ gilt:
  $\ln(1+x) = \sum_{n=1}^{\infty} (-1)^{n-1} \frac{1}{n} x^n = x - \frac{1}{2}x^2 + \frac{1}{3}x^3 - \frac{1}{4}x^4 + \ldots$

- Für $-1 < x < 1$ gilt: $\frac{1}{1-x} = \sum_{n=0}^{\infty} x^n = 1 + x + x^2 + x^3 + x^4 + \ldots$

- Für $-1 < x < 1$ gilt: $(1+x)^p = \sum_{n=0}^{\infty} \binom{p}{n} x^n = 1 + px + \frac{p(p-1)}{2!} x^2 + \ldots$
  (Binomialreihe)

Und es gilt der folgende Zusammenhang zwischen Funktion und Taylorreihe:

Satz über Funktionen und ihre Taylorreihen
Wir nehmen an,

- dass die Funktion f Ableitungen beliebiger Ordnung besitzt,
- dass für das betrachtete Argument x die Taylorreihe konvergiert,
- und dass $R_n(x) \to 0$ für $n \to \infty$.

Dann konvergiert die Taylorreihe gegen $f(x)$,

$$\sum_{k=0}^{n} f^{(k)} \frac{1}{k!} (x-a)^k \xrightarrow[n \to \infty]{} f(x).$$

Für das **Rechnen mit Potenzreihen, insbesondere mit Taylorreihen,** sind die folgenden Regeln wichtig:

Satz zum Rechnen mit Taylorreihen

- Multiplikation von Reihen
  Wir betrachten zwei Potenzreihen

$$f(x) = \sum_{n=0}^{\infty} a_n x^n, \quad g(x) = \sum_{n=0}^{\infty} b_n x^n,$$

wobei x im Konvergenzintervall beider Reihen ist.
Dann gilt

$$f(x) \cdot g(x) = \sum_{n=0}^{\infty} \left(\sum_{k=0}^{n} a_k b_{n-k} \right) x^n.$$

- Termweises Ableiten
  Wir beginnen mit der Darstellung einer Funktion durch eine Potenzreihe,

$$f(x) = \sum_{n=0}^{\infty} a_n x^n,$$

dabei ist wiederum x im Konvergenzintervall I.
Dann ist f differenzierbar, und es gilt

$$f'(x) = \sum_{n=1}^{\infty} n a_n x^{n-1}.$$

- Termweises Integrieren
  Wir beginnen mit der Darstellung einer Funktion durch eine Potenzreihe,

$$f(x) = \sum_{n=0}^{\infty} a_n x^n,$$

dabei ist wiederum x im Konvergenzintervall I.

Dann ist f auf dem Intervall $[a, b] \subset I$ integrierbar, und es gilt

$$\int_a^b f(x)\, dx = \sum_{n=0}^{\infty} \int_a^b a_n x^n \, dx.$$

Integralrechnung in einer Variablen

Die folgenden Begriffe und Konzepte werden als bekannt vorausgesetzt:

Stammfunktion, bestimmtes und unbestimmtes Integral, Riemannsche Summe und uneigentliche Integrale.

Erklärungen dieser Begriffe findet man z. B. im Buch von Keller [4], Kap. 7.

Tatsachen und Regeln
Für die **unbestimmte Integration** haben wir die folgenden allgemeinen Rechenregeln:

Satz über die Integrationsregeln

- $\displaystyle \int \underbrace{f'(x)}_{\uparrow} \cdot \underbrace{g(x)}_{\downarrow} \, dx = (f \cdot g)(x) - \int f(x) \cdot g'(x) \, dx$ (partielle Integration)

- $\displaystyle \int f'(g(x)) \cdot g'(x) \, dx = \int \frac{df}{dy} \, dy = f(g(x)) + C$ (Substitution)

- $\displaystyle \int (f(x) \pm g(x)) \, dx = \int f(x) \, dx \pm \int g(x) \, dx$

- $\displaystyle \int s f(x) \, dx = s \int f(x) \, dx,$ s eine Konstante

---

© Der/die Autor(en), exklusiv lizenziert durch Springer-Verlag
GmbH, DE, ein Teil von Springer Nature 2022
Laura G. A. Keller, *Höhere Mathematik kompakt,* essentials,
https://doi.org/10.1007/978-3-662-64746-2_7

Mit der

Merkregel zur partiellen Integration
Der Integrand ist das Produkt einer einfach zu integrierenden Funktion und einer einfach abzuleitenden Funktion.

Ausserdem kann die folgende Hilfe genutzt werden, welche einem einen Hinweis gibt, welche Funktion bei der partiellen Ableitung abgeleitet werden soll:

Logarithmen – Inverse Funktionen – Potenzen – Trigonometrische Funktionen – Exponentialfunktion

kurz

LIPTE

wobei der am weitesten links stehende Faktor Ausschlag gibt.

Und für spezielle Funktionen gilt:

Satz über die Integration spezieller Funktionen

- $\int k\,dx = kx + C, \ k \in \mathbb{R}, \quad \int x^n\,dx = \dfrac{1}{n+1}x^{n+1} + C, \ n \neq -1$

- $\int e^x\,dx = e^x + C, \quad \int a^x\,dx = \dfrac{a^x}{\ln(a)} + C$

- $\int \dfrac{1}{x}\,dx = \ln(|x|) + C$

- $\int \sin(x)\,dx = -\cos(x) + C, \quad \int \cos(x)\,dx = \sin(x) + C$

- $\int \tan(x)\,dx = -\ln(|\cos(x)|) + C$

- $\displaystyle \int \sin^2(x)\, dx = \frac{1}{2}(x - \sin(x)\cos(x)) + C,$

- $\displaystyle \int \cos^2(x)\, dx = \frac{1}{2}(x + \sin(x)\cos(x)) + C$

- $\displaystyle \int \tan^2(x)\, dx = \tan(x) - x + C$

- $\displaystyle \int \sinh(x)\, dx = \cosh(x) + C, \quad \int \cosh(x)\, dx = \sinh(x) + C$

- $\displaystyle \int \ln(|x|)\, dx = x(\ln(|x|) - 1) + C,$

- $\displaystyle \int \log_a(|x|)\, dx = \frac{1}{\ln a}\bigl(x\ln(|x|) - x\bigr) + C$

- $\displaystyle \int \frac{1}{x^2 + a^2}\, dx = \frac{1}{a}\arctan\left(\frac{x}{a}\right) + C,$

- $\displaystyle \int \frac{1}{x^2 - a^2}\, dx = \frac{1}{2a}\ln\left(\left|\frac{x - a}{x + a}\right|\right) + C$

- $\displaystyle \int (ax + b)^n\, dx = \frac{(ax + b)^{n+1}}{a(n + 1)} + C, \quad n \neq -1$

- $\displaystyle \int \frac{1}{\sqrt{a^2 - x^2}}\, dx = \arcsin\left(\frac{x}{|a|}\right) + C, \quad a^2 > x^2$

- $\displaystyle \int \frac{-1}{\sqrt{a^2 - x^2}}\, dx = \arccos\left(\frac{x}{|a|}\right) + C, \quad a^2 > x^2$

- $\displaystyle \int \frac{1}{\sqrt{x^2 + 1}}\, dx = \operatorname{arcsinh}(x) + C,$

- $\displaystyle \int \frac{1}{\sqrt{x^2 - 1}}\, dx = \operatorname{arccosh}(x) + C, \quad x > 1$

- $\displaystyle \int \frac{f'(x)}{f(x)}\, dx = \ln(|f(x)|) + C, \quad \int f'(x)e^{f(x)}\, dx = e^{f(x)} + C$

In allen vorangehenden Formeln bezeichnet C eine beliebige reelle Konstante (Integrationskonstante).

Für das **bestimmte Integral** sind die folgenden Regeln und Abschätzungen zu beachten:

Satz über die bestimmte Integration

- $\displaystyle\int_a^b f(x)\,dx = -\int_b^a f(x)\,dx$ (Umkehr der Integrationsrichtung)

- $\displaystyle\int_a^b (f(x) \pm g(x))\,dx = \int_a^b f(x)\,dx \pm \int_a^b g(x)\,dx$

- $\displaystyle\int_a^b cf(x)\,dx = c\int_a^b f(x)\,dx$ c eine Konstante

- $f(x) \le g(x)\ \forall x \in [a,b] \Rightarrow \int_a^b f(x)\,dx \le \int_a^b g(x)\,dx$

- $\displaystyle\int_a^b f(x)\,dx = \int_a^c f(x)\,dx + \int_c^b f(x)\,dx,\quad a \le c \le b$ (Aufteilung des Integrationsbereichs)

- g gerade, dann gilt $\int_{-a}^a g(x)\,dx = 2\int_0^a g(x)\,dx$

- f ungerade, dann gilt $\int_{-a}^a f(x)\,dx = 0$

- $\displaystyle\int_a^b \underbrace{f'(x)}_{\uparrow} \cdot \underbrace{g(x)}_{\downarrow}\,dx = f\cdot g\Big|_a^b - \int_a^b f(x)\cdot g'(x)\,dx$ (partielle Integration)

- $\displaystyle\int_a^b f'(g(x))g'(x)\,dx = \int_{g(a)}^{g(b)} f'(y)\,dy = f(g(b)) - f(g(a))$ (Substitution)

Ausserdem gelten die folgenden praktischen Abschätzungen:

Satz über die grundlegenden Abschätzungen für die bestimmte Integration
Es gelten die folgenden einfachen Abschätzungen

$$(b-a)\cdot \min\{f(x)|a \le x \le b\} \le \int_a^b f(x)\,dx$$
$$\le (b-a)\cdot \max\{f(x)|a \le x \le b\}$$

Und es gilt der folgende

Mittelwertsatz der Integralrechnung
Falls der Integrand $f(x)$ auf dem betrachteten Intervall $[a, b]$ stetig ist, gilt für ein $c \in [a, b]$

$$f(c) = \frac{1}{b-a} \int_a^b f(x)\, dx$$

Es folgen nun ein paar nützliche Hinweise zum Vorgehen bei der **Partialbruchzerlegung,** bei welcher die Idee ist, eine Funktion

$$R(s) = \frac{Z(s)}{N(s)}$$

wobei $Z(s)$ und $N(s) \neq 0$ Polynome sind (reelle Koeffizienten), umzuschreiben als

$$R(s) = \frac{Z(s)}{(s - s_1)(s - s_2) \cdots (s - s_m)} = \frac{a_1}{s - s_1} + \frac{a_2}{s - s_2} + \cdots + \frac{a_m}{s - s_m}$$

wobei $s_1, \ldots, s_m$ die Polstellen von $R(s)$ sind.

Vorgehen bei der Partialbruchzerlegung, wobei alle Polstellen einfach und reell sind

1. Für jede Nullstelle s_i setzen wir einen Summanden $\frac{a_i}{s - s_i}$ an, also

$$R(s) = \frac{a_1}{s - s_1} + \frac{a_2}{s - s_2} + \cdots + \frac{a_m}{s - s_m}$$

2. Die Koeffizienten a_i berechnen wir mit Hilfe der Formel

$$a_i = \Big(R(s)(s - s_i) \Big)\Big|_{s = s_i}$$

Vorgehen bei der Partialbruchzerlegung, wobei auch einfache, komplexe Polstellen auftreten

1. Falls y_j eine komplexe Nullstelle ist, so ist auch $\bar{y}_j$ eine Nullstelle. Für jedes komplexe Paar von Nullstellen, y_j und $\bar{y}_j$, setzen wir einen Summanden $\frac{b_j s + c_j}{(s - y_j)(s - \bar{y}_j)}$ an, also

$$R(s) = \frac{a_1}{s - s_1} + \frac{a_2}{s - s_2} + \cdots + \frac{a_m}{s - s_m}$$
$$+ \frac{b_1 s + c_1}{(s - y_1)(s - \bar{y}_1)} + \cdots + \frac{b_n s + c_n}{(s - y_n)(s - \bar{y}_n)}$$

wobei die s_i die einfachen Nullstellen sind.

2. Die Koeffizienten a_i werden wie im Fall lauter einfacher und reeller Polstellen berechnet.
3. Die Koeffizienten b_j und c_j bestimmen wir durch Koeffizientenvergleich.

Vorgehen bei der Partialbruchzerlegung, wobei Polstellen mehrfach sind

1. Falls r_i eine k-fache Nullstelle ist, so setzen wir die Summanden $\frac{d_1}{s - r_j} + \frac{d_2}{(s - r_j)^2} + \cdots + \frac{d_k}{(s - r_j)^k}$ an, also

$$R(s) = \frac{a_1}{s - s_1} + \frac{a_2}{s - s_2} + \cdots + \frac{a_m}{s - s_m}$$
$$+ \frac{b_1 s + c_1}{(s - y_1)(s - \bar{y}_1)} + \cdots + \frac{b_n s + c_n}{(s - y_n)(s - \bar{y}_n)}$$
$$+ \frac{d_1}{s - r_j} + \frac{d_2}{(s - r_j)^2} + \cdots + \frac{d_k}{(s - r_j)^k}$$

wobei die s_i die einfachen Nullstellen und y_j die komplexen Nullstellen sind.

2. Die Koeffizienten a_i werden wie im Fall lauter einfacher und reeller Polstellen berechnet.

3. Die Koeffizienten b_j und c_j bestimmen wir durch Koeffizientenvergleich.
4. Die Koeffizienten d_j berechnet man mit Hilfe der Formel

$$d_{k-i} = \frac{1}{p!}\left(\frac{d^p}{ds^p}\left(R(s)(s-r_j)^k\right)\right)\Bigg|_{s=r_j}, \quad p = 0, \ldots, k-1$$

Zum Schluss folgt noch das zentrale Resultat, welches Ableitung und Integration verknüpft:

Hauptsatz der Integral- und Differentialrechnung

- Falls der Integrand $f(x)$ auf dem betrachteten Intervall $[a, b]$ stetig ist, so ist die Funktion

$$F(x) = \int_a^x f(y)\,dy$$

differenzierbar auf $[a, b]$, also insbesondere stetig auf $[a, b]$, und es gilt

$$F'(x) = \frac{d}{dx}\int_a^x f(y)\,dy = f(x).$$

- Falls der Integrand $f(x)$ auf dem betrachteten Intervall $[a, b]$ stetig ist und $F(x)$ eine Stammfunktion von $f(x)$ auf $[a, b]$ ist, gilt

$$\int_a^b f(x)\,dx = F(b) - F(a) = F\Big|_a^b$$

Bemerkung: Der zweite Teil des Hauptsatzes der Integral- und Differentialrechnung kann auch wie folgt geschrieben werden

$$\int_a^b f'(x)\,dx = f(b) - f(a) = f\Big|_a^b$$

Zudem gilt eine etwas allgemeinere Version des Hauptsatzes der Integral- und Differentialrechnung:

Verallgemeinerung des Hauptsatzes der Integral- und Differentialrechnung
Falls der Integrand $f(x)$ auf dem betrachteten Intervall $[a, b]$ stetig ist bis auf endlich viele Sprungstellen $x_1, x_2, \ldots, x_n$, so ist die Funktion

$$F(x) = \int_a^x f(y)\, dy$$

differenzierbar auf $[a, b] \setminus \{x_1, x_2, \ldots, x_n\}$, also insbesondere stetig auf $[a, b] \setminus \{x_1, x_2, \ldots, x_n\}$, und es gilt

$$F'(x) = \frac{d}{dx} \int_a^x f(y)\, dy = f(x), \quad x \neq x_1, x_2, \ldots, x_n.$$

Gewöhnliche Differentialgleichungen 8

Die folgenden Begriffe und Konzepte werden als bekannt vorausgesetzt:

Gewöhnliche Differentialgleichung, Ordnung/(In-)Homogenität/(Nicht-) Linearität einer Differentialgleichung, Störfunktion, allgemeine Lösung, Anfangswert- und Randwertproblem, autonome Differentialgleichung und in den Variablen homogene Differentialgleichung, partikuläre Lösung, (gekoppeltes) System von Differentialgleichungen, Richtungsfeld, Gleichgewichtslösung und deren (In-)Stabilität, Lipschitz-Stetigkeit.

Erklärungen dieser Begriffe findet man z. B. im Buch von Keller [4], Kap. 8.

Tatsachen und Regeln
Hier einige **wichtige Beispiele von Differentialgleichungen:**

- Newtonsches Auskühlungsgesetz

$$H'(t) = -k(H(t) - H_U)$$

- Exponentielles Wachstum ($k > 0$) respektive exponentieller Zerfall ($k < 0$)

$$f'(x) = kf(x)$$

- Logistisches Wachstum

$$\frac{dP}{dt} = kP\left(1 - \frac{P}{L}\right).$$

Der **Eulersche Ansatz** liefert das folgende Vorgehen zum Lösen einer **linearen, homogenen Differentialgleichung mit konstanten Koeffizienten**

© Der/die Autor(en), exklusiv lizenziert durch Springer-Verlag GmbH, DE, ein Teil von Springer Nature 2022
Laura G. A. Keller, *Höhere Mathematik kompakt,* essentials,
https://doi.org/10.1007/978-3-662-64746-2_8

$$a_n u^{(n)}(x) + a_{n-1} u^{(n-1)}(x) \cdots + a_1 u'(x) + a_0 u(x) = 0: \qquad (8.1)$$

Vorgehen beim Eulerschen Ansatz

Zuerst betrachtet man das dazugehörige **charakteristische Polynom,** respektive die **charakteristische Gleichung**

$$p(\lambda) = a_n \lambda^n + a_{n-1} \lambda^{n-1} + \cdots + a_1 \lambda + a_0$$

respektive

$$a_n \lambda^n + a_{n-1} \lambda^{n-1} + \cdots + a_1 \lambda + a_0 = 0$$

und bestimmt dessen Nullstellen, respektive deren Lösungen.

Mit Hilfe dieser Informationen lassen sich die insgesamt n folgenden **Fundamentallösungen** ablesen:

- Für jede **reelle** Nullstelle, respektive Lösung, λ_s mit Vielfachheit m_s erhält man die m_s Lösungen

$$e^{\lambda_s x}, \; x e^{\lambda_s x}, \; \ldots, \; x^{m_s-1} e^{\lambda_s x}$$

- Für jedes **Paar zweier zueinander komplex konjugierter** Nullstellen, respektive Lösungen, $a_r + i b_r$ mit Vielfachheit m_r erhält man die $2m_r$ Lösungen

$$e^{a_r x} \cos(b_r x), \; e^{a_r x} \sin(b_r x), \; x e^{a_r x} \cos(b_r x), \; x e^{a_r x} \sin(b_r x), \; \ldots$$
$$\ldots \; x^{m_r-1} e^{a_r x} \cos(b_r x), \; x^{m_r-1} e^{a_r x} \sin(b_r x)$$

Satz über das Superpositionsprinzip und die allgemeine Lösung

Mit dem **Superpositionsprinzip,** welches besagt, dass mit zwei Lösungen $u(x)$ und $v(x)$ von (8.1) die Linearkombination

$$w(x) = A u(x) + B v(x), \quad A, B \in \mathbb{R}$$

wieder eine Lösung von (8.1) ist, ergibt sich nun schlussendlich die **allgemeine Lösung** von (8.1)

$$u(x) = \sum_{i=0}^{r} \left(\sum_{p=0}^{m_i-1} C_{ip} x^p e^{\lambda_i x} \right)$$

$$+ \sum_{j=0}^{s} \left(\sum_{q=0}^{m_j-1} \left(A_{jq} x^q e^{a_j x} \sin(b_j x) + B_{jq} x^q e^{a_j x} \cos(b_j x) \right) \right)$$

Nun zu einer weiteren Technik zum Lösen gewöhnlicher Differentialgleichungen:

Vorgehen zur Trennung (Separation) der Variablen
Die Technik der **Trennung (Separation) der Variablen** zum Lösen einer Differentialgleichung erster Ordnung eignet sich dann, wenn die zu lösende Differentialgleichung auf die Form

$$y'(x) = \frac{dy}{dx} = f(y) \cdot g(x)$$

gebracht werden kann.

Das Vorgehen ist dann

1. Eigentliche Trennung der Variablen

$$\frac{1}{f(y)} \, dy = g(x) \, dx.$$

„Alle Ausdrücke mit der unabhängigen Variablen auf eine Seite bringen, und alle Ausdrücke mit der abhängigen Variablen auf die andere Seite der Gleichung bringen."
2. Unbestimmte Integration

$$\int \frac{1}{f(y)} \, dy = \int g(x) \, dx.$$

3. Auflösen nach y.

Und noch eine weitere Technik (hier zwei besondere Fälle – selbstverständlich gibt es noch unzählige weitere Ideen von Substitutionen):

Vorgehen zur Substitution

Die Technik der **Substitution** zum Lösen einer Differentialgleichung erster Ordnung bedeutet, dass durch Einführung einer geeigneten neuen Variablen die gegebene Differentialgleichung in eine neue Differentialgleichung mit trennbaren Variablen überführt wird.

Konkret sind die beiden folgenden Substitutionen wichtig (dies ist aber keine abschliessende Liste dessen, was überhaupt möglich ist!):

- **Lineare Substitution.**
  Falls eine Differentialgleichung der Form

$$\frac{dy}{dx} = y' = f(ax + by + c), \quad \text{mit } a, b, c \in \mathbb{R}$$

gegeben ist, lässt sich diese durch die **lineare Substitution**

$$u = ax + by + c$$

in eine autonome Differentialgleichung mit trennbaren Variablen überführen:

$$\frac{du}{dx} = a + b\frac{dy}{dx} = a + bf(u).$$

- **Substitution bei Differentialgleichungen, welche in den Variablen homogen sind.**
  Falls eine Differentialgleichung der Form

$$\frac{dy}{dx} = y' = g\left(\frac{y}{x}\right)$$

gegeben ist, lässt sich diese durch die **(homogene) Substitution**

$$u = \frac{y}{x}$$

---

in eine Differentialgleichung mit trennbaren Variablen überführen:

$$\frac{du}{dx} = (g(u) - u) \cdot \frac{1}{x}$$

Für lineare, **inhomogene** Differentialgleichungen gilt:

Satz über inhomogene Differentialgleichungen
Ist $y_p(x)$ eine partikuläre Lösung einer linearen, inhomogenen Differentialgleichung und $y_h(x)$ die allgemeine Lösung der dazugehörigen homogenen Differentialgleichung, so ist

$$y(x) = y_h(x) + y_p(x)$$

die allgemeine Lösung der linearen, inhomogenen Differentialgleichung.

Eine spezielle Technik für inhomogene Differentialgleichungen erster Ordnung ist:

Vorgehen zur Variation der Konstante
Die Technik der **Variation der Konstante** zum Lösen einer inhomogenen Differentialgleichung erster Ordnung bedeutet, dass aus der allgemeinen Lösung der dazugehörigen homogenen Differentialgleichung ein geeigneter Ansatz für eine partikuläre Lösung entsteht, indem die Konstante, welche in der allgemeinen Lösung der dazugehörigen homogenen Differentialgleichung auftritt, durch eine Funktion in der unabhängigen Variablen ersetzt wird.

Konkreter geht man wie folgt vor:

1. Zuerst wird die allgemeine Lösung der dazugehörigen homogenen Differentialgleichung bestimmt. In dieser tritt eine Konstante auf, ein freier Parameter.

2. Einen geeigneten Ansatz für eine partikuläre Lösung erhält man, indem man die Konstante in der allgemeinen Lösung der dazugehörigen

homogenen Differentialgleichung durch eine Funktion in der unabhängigen Variablen ersetzt. Dies führt auf zusätzliche Informationen über die neu auftretende Funktion (in der Regel eine Differentialgleichung für die neu auftretende Funktion).

3. Dann wird mit Hilfe des Ansatzes aus Punkt 2 eine partikuläre Lösung bestimmt.

4. Die allgemeine Lösung der inhomogenen Differentialgleichung ergibt sich am Schluss als Summe aus der allgemeinen Lösung der dazugehörigen homogenen Differentialgleichung und der partikulären Lösung.

Und hier folgt eine kleine **Übersicht hilfreicher Ansätze für die partikuläre Lösung** (insbesondere für inhomogene Differentialgleichungen höherer Ordnung):

Tabelle für partikuläre Ansätze

Rechte Seite der Diff.-gl. / Störfunktion	Ansatz für die partikuläre Lösung
Polynom $s(t) = a_0 + a_1 t + \cdots + a_n t^n$	$y(t) = C_0 + C_1 t + \cdots + C_n t^n$
Spezialfall: 0 ist eine **m**-fache Nullstelle des charakteristischen Polynoms	$y(t) = (C_0 + C_1 t + \cdots + C_n t^n) t^{\mathbf{m}}$
Exponentialfunktion $s(t) = A e^{kt}$	$y(t) = C e^{kt}$
Spezialfall: k ist eine **m**-fache Nullstelle des charakteristischen Polynoms	$y(t) = (C e^{kt}) t^{\mathbf{m}}$
Schwingung $s(t) = A \sin(\omega t) + B \cos(\omega t)$	$y(t) = C_1 \sin(\omega t) + C_2 \cos(\omega t)$
Spezialfall: $i\omega$ ist eine **m**-fache Nullstelle des charakteristischen Polynoms	$y(t) = (C_1 \sin(\omega t) + C_2 \cos(\omega t)) t^{\mathbf{m}}$

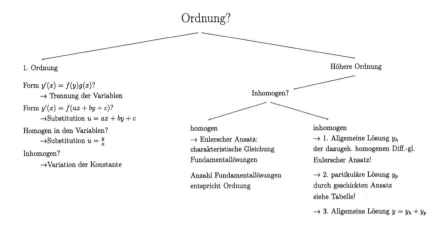

Die Techniken, die wir gesehen haben, werden durch das folgende theoretische Resultat „abgesichert":

Existenz- und Eindeutigkeitssatz (Satz von Picard-Lindelöf-Peano)

- Das Anfangswertproblem

$$y' = f(x, y) \quad y(x_0) = y_0$$

besitzt für Lipschitz-stetige Funktionen f eine eindeutige Lösung

$$x \mapsto y(x), \quad x \in I$$

wobei I von x_0 und y_0 abhängen kann.

- Das Anfangswertproblem

$$y^{(n)} + f_{n-1}(x)y^{(n-1)} + \cdots + f_1(x)y' + f_0(x)y = s(x)$$

$$y(x_0) = y_0, y'(x_0) = v_0, \cdots y^{(n-1)}(x_0) = z_0$$

besitzt für Lipschitz-stetige Funktionen $f_{n-1}, \cdots f_1, f_0$ und s eine ein-

deutige Lösung
$$x \mapsto y(x), \quad x \in I$$
wobei I von x_0 und den gegebenen Anfangsdaten abhängen kann.

Falls für eine Differentialgleichung erster Ordnung keine exakte Lösung berechnet werden kann für ein entsprechendes Anfangswertproblem eine Lösung **approximiert** werden:

Euler-Verfahren zur approximativen Berechnung von Werten eines Anfangswertproblems erster Ordnung

- Ausgangspunkt ist eine Differentialgleichung $y'(x) = f(x, y)$ erster Ordnung und ein Startwert $y(x_0) = y_0$.
- Eine Distanz Δx (Schrittweite) zwischen den einzelnen berechneten Daten wird festgelegt.
- Iterativ werden die Daten mit Hilfe der folgenden Formel berechnet

$$y(x_0 + n\Delta x) = y(x_0 + (n-1)\Delta x)$$
$$+ f(x_0 + (n-1)\Delta x, y(x_0 + (n-1)\Delta x))\Delta x$$

Für die Genauigkeit der Approximation mit Hilfe des Euler-Verfahrens gilt:

Abschätzung der Genauigkeit des Euler-Verfahrens
Falls $y(x_0)$ gegeben ist und $y(x)$ durch n Zwischenschritte (Unterteilung von $[x_0, x]$ in n gleich grosse Teilintervalle) berechnet wird, ist der **Fehler** (Differenz zwischen dem exakten und dem approximierten Funktionswert) an der Stelle x ungefähr proportional zu $1/n$.

Eine weitere Herangehensweise liefert das Studium des **Richtungsfeldes** einer Differentialgleichung erster Ordnung. Damit können einerseits approximative Lösungskurven skizziert werden und andererseits z. B. Fragen zu Stabilität von Gleichgewichten beantwortet werden.

Systeme von linearen Differentialgleichungen können gelöst werden, indem entweder (falls vorhanden) eine entkoppelte Gleichung gelöst wird und die so erhaltene Information sukzessive in die anderen Gleichungen eingesetzt wird, oder indem das System auf eine einzige Gleichung höherer Ordnung zurückgeführt wird: konkret für den Fall eines Systems zweier Differentialgleichungen:

Lösungsstrategie 1 zum Lösen von gekoppelten Systemen von Differentialgleichungen: Fall einer entkoppelten Gleichung

1. Zuerst wird die entkoppelte Gleichung gelöst.
2. Das erhaltene Resultat aus dem vorangehenden Schritt wird nun in die zweite Gleichung eingesetzt und damit die zweite unbekannte Grösse bestimmt.
3. Nun kann die allgemeine Lösung des gegebenen Systems aufgeschrieben werden.
4. Zum Schluss werden allfällige Anfangs- oder Randwerte berücksichtigt.

Respektive

Lösungsstrategie 2 zum Lösen von gekoppelten Systemen von Differentialgleichungen: Fall keiner entkoppelten Gleichung

1. Eine der beiden Gleichungen wird nochmals abgeleitet.
2. Mit Hilfe der gegebenen Gleichungen wird dann das Resultat aus dem ersten Schritt so umgeschrieben, dass *eine* Differentialgleichung *zweiter* Ordnung übrigbleibt.
3. Dann wird diese Differentialgleichung zweiter Ordnung für die eine involvierte Grösse gelöst.
4. Mit Hilfe der Information aus dem vorangehenden Schritt wird die Lösung der zweiten Grösse bestimmt.
5. Nun kann die allgemeine Lösung des gegebenen Systems aufgeschrieben werden.
6. Zum Schluss werden allfällige Anfangs- oder Randwerte berücksichtigt.

Alternativ bieten sich auch die folgenden Algorithmen an:

Algorithmus zur Lösung eines Systems $\dot{x} = Mx$ linearer Differentialgleichungen für den Fall, dass alle Eigenwerte von M reelle, einfache Nullstellen des charakteristischen Polynoms sind, respektive einem dazugehörigen Anfangswertproblem $\dot{x} = Mx, x(0) = x_0$

1. Man bestimme alle Eigenwerte λ_i der Koeffizientenmatrix M.
2. Man bestimme zu jedem Eigenwert λ_i einen dazugehörigen Eigenvektor v_i.
3. Die allgemeine Lösung des Problems $\dot{x} = Mx$ ist dann gegeben durch

$$x(t) = \sum_{i=1}^{n} c_i e^{\lambda_i t} v_i, \quad c_i \in \mathbb{R}. \tag{8.2}$$

4. Und, falls ein Anfangswert $x(0) = x_0$ gegeben ist:
   a. Wir definieren die Matrix T, indem wir die in Schritt 2 gefundenen Eigenvektoren v_i als Spaltenvektoren verwenden.
   b. Wir bestimmen die Lösung des linearen Gleichungssystems

$$Tc = x_0$$

Die Komponenten des Vektors c sind gerade diejenigen Koeffizienten, welche in (8.2) eingesetzt werden müssen, damit nicht nur das System linearer Differentialgleichungen gelöst wird, sondern auch die geforderte Anfangsbedingung erfüllt ist.

Allgemeinerer Algorithmus zur Lösung eines Systems $\dot{x} = Mx$ **linearer Differentialgleichungen, respektive einem dazugehörigen Anfangswertproblem** $\dot{x} = Mx, x(0) = x_0,$ **mit Hilfe des Matrixexponentials**

1. Man bestimme e^{tM}. Diese Matrix lässt sich schreiben als

$$e^{tM} = (w_1\ w_2\ \ldots w_n),$$

wobei w_i der i-te Spaltenvektor der Matrix e^{tM} ist.

2. Dann ist die allgemeine Lösung $x(t)$ von $\dot{x} = Mx$ gegeben durch

$$x(t) = \sum_{i=1}^{n} c_i w_i, \quad c_i \in \mathbb{R}$$

3. Die Lösung $x(t)$ des Anfangswertproblems ist dann gegeben durch

$$x(t) = e^{tM} x_0$$

Lineare Algebra

9

Die folgenden Begriffe und Konzepte werden als bekannt vorausgesetzt:

Lineares Gleichungssystem, (triviale) Lösung, Rang, Koeffizienten und rechte Seite eines (homogenen) linearen Gleichungssystems, Gauss-Verfahren, Stufenform, (reguläre und singuläre) Matrix, lineare Abbildung, Bild und Kern einer linearen Abbildung, orthogonale Abbildung, Invertierbarkeit, Vektorraum, lineare (Un-)Abhängigkeit, Linearkombination, Unterraum, Basis, Dimension, Determinante, Eigenwert und Eigenvektor.

Erklärungen dieser Begriffe findet man z. B. im Buch von Keller [4], Kap. 9.

Tatsachen und Regeln

Für **lineare Gleichungssysteme** bezeichne n die Anzahl Unbekannter, m die Anzahl Gleichungen und r den Rang. Dann gelten die folgenden Tatsachen:

Satz über lineare Gleichungssysteme

- Durch die beiden folgenden Operationen kann ein lineares Gleichungssystem auf Stufenform gebracht werden:
  - Vertauschen von Zeilen.
  - Addition eines Vielfachen einer anderen Zeile zu einer Zeile.
  Diese Operationen verändern die Lösungsmenge des betrachteten linearen Gleichungssystems nicht. Man sagt auch, dass sie das ursprüngliche lineare Gleichungssystem in ein dazu **äquivalentes** lineares Gleichungssystem überführen.

© Der/die Autor(en), exklusiv lizenziert durch Springer-Verlag GmbH, DE, ein Teil von Springer Nature 2022
Laura G. A. Keller, *Höhere Mathematik kompakt,* essentials,
https://doi.org/10.1007/978-3-662-64746-2_9

- Die triviale Lösung ist immer eine Lösung eines homogenen linearen Gleichungssystems.
- Der Rang eines linearen Gleichungssystems ist kleiner oder gleich dem Minimum von n und m.
- Der Rang ist eine eindeutig bestimmte Grösse und ist unabhängig von den einzelnen Schritten im Gauss-Verfahren, insbesondere von eventuellen Zeilenvertauschungen.
- Ein lineares Gleichungssystem hat genau dann mindestens eine Lösung (Anzahl freier Parameter ist $n - r$), falls entweder
  1. $r = m$ oder
  2. die rechten Seiten aller Zeilen, deren Koeffizienten alle null sind, ebenfalls null sind.
- Die Lösung eines linearen Gleichungssystems ist – sofern existent – genau dann eindeutig, falls $r = n$.
- Ein homogenes lineares Gleichungssystem hat genau dann nicht-triviale Lösungen, wenn $r < n$.
- Im Fall $n = m$ ist ein lineares Gleichungssystem für beliebige rechte Seite lösbar, wenn das dazugehörige homogene System nur die triviale Lösung hat.
  Das dazugehörige homogene System erhält man, indem man die rechte Seite durch $r_1 = 0 = \cdots = r_n$ ersetzt.
- Gilt für ein lineares Gleichungssystem $n = r = m$, ist die Lösung eindeutig.

Für **Matrizen** gilt der

Satz über das Rechnen mit Matrizen

A, B und C sind Matrizen, I bezeichnet die Einheitsmatrix und r und s sind (komplexe oder reelle) Zahlen, dann gilt:
- $A + B = B + A$, $A + 0 = A$ und $(A + B) + C = A + (B + C)$
- $r(A + B) = rA + rB$ und $r(sA) = (rs)A$
- $(AB)C = A(BC)$ und $IA = A = AI$
- $A(B + C) = AB + AC$ und $(A + B)C = AC + BC$

- $(A^T)^T = A$, $(A + B)^T = A^T + B^T$ und $(rA)^T = rA^T$
- $(AB)^T = B^T A^T$
- $(A^{-1})^{-1} = A$
- $(AB)^{-1} = B^{-1} A^{-1}$
- $(A^T)^{-1} = (A^{-1})^T$

Zudem gilt der

Satz über die Inverse einer 2 × 2-Matrix
Die Inverse einer 2 × 2-Matrix

$$M = \begin{pmatrix} a & b \\ c & d \end{pmatrix}$$

ist gegeben durch

$$M^{-1} = \frac{1}{ad - bc} \begin{pmatrix} d & -b \\ -c & a \end{pmatrix}$$

sofern $ad - bc \neq 0$.

Für **Vektorräume** gilt der

Satz über Vektorräume
Ein Vektorraum hat in der Regel mehr als eine **Basis,** aber die Anzahl der Elemente in jeder Basis, also die **Dimension,** ist unabhängig von der betrachteten Basis.

Aus den Struktureigenschaften von Vektorräumen folgen unmittelbar die folgenden Tatsachen:

Satz über Rechenregeln in Vektorräumen

1. $0 \cdot v = 0 \quad \forall v \in V, \quad \lambda \cdot 0 = 0 \quad \forall \lambda \in \mathbb{R}$
2. $\lambda \cdot v = 0 \Rightarrow \lambda = 0$ oder $v = 0$
3. $(-1)v = -v \quad \forall v \in V$

Für **lineare Abbildungen** gelten die folgenden Tatsachen:

Satz über lineare Abbildungen

1. Eine lineare Abbildung $f : V \to W$ (mit $dim(V) < \infty$) wird durch die Bilder der Vektoren einer Basis festgelegt.
2. Lineare Abbildungen (zwischen endlichdimensionalen Vektorräumen) können mit Hilfe von Matrizen beschrieben werden.
3. Falls zwei lineare Abbildungen $f, g : V \to W$ durch die Matrizen F, respektive G beschrieben werden, wird die Abbildung $\lambda f + \mu g$ durch die Matrix $\lambda F + \mu G$ beschrieben.
4. Die lineare Abbildung $f : V \to W$ werde beschrieben durch die Matrix F, und die lineare Abbildung $h : W \to Y$ werde durch die Matrix H beschrieben. Dann wird die Verknüpfung $h \circ f$ durch die Matrix HF beschrieben.
5. $dim(V) = dim(ker(f)) + dim(im(f))$, wobei $f : V \to W$ eine lineare Abbildung ist.
6. Eine lineare Abbildung $f : V \to W$ zwischen endlichdimensionalen Vektorräumen ist genau dann injektiv, falls $ker(f) = \{0\}$.
7. Eine lineare Abbildung $f : V \to W$ zwischen endlichdimensionalen Vektorräumen ist genau dann surjektiv, falls $im(f) = W$, respektive falls gilt $dim(im(f)) = dim(W)$.
8. Eine lineare Abbildung $f : V \to W$ zwischen endlichdimensionalen Vektorräumen ist genau dann bijektiv, falls $ker(f) = \{0\}$ und $im(f) = W$, d.h. falls gilt $dim(im(f)) = dim(W)$.
9. Für eine lineare Abbildung $f : V \to W$ zwischen endlichdimensionalen Vektorräumen mit $dim(V) = dim(W)$ gilt, dass die beiden folgenden Aussagen äquivalent sind:

a) f ist injektiv.

b) f ist surjektiv.

10. Wird eine lineare Abbildung zwischen endlichdimensionalen Vektorräumen durch die Matrix M dargestellt und ist diese lineare Abbildung invertierbar, so wird die dazu inverse lineare Abbildung durch die Matrix M^{-1} dargestellt.

11. Werden zwei lineare Abbildungen $f : V \to W$, beschrieben durch die Matrix F, und $h : W \to Y$, beschrieben durch die Matrix H, verknüpft und sind beide linearen Abbildungen invertierbar, ist auch die Verknüpfung $h \circ f$ invertierbar, und diese inverse Abbildung wird durch die Matrix $(HF)^{-1} = F^{-1}H^{-1}$ beschrieben.

Zudem gilt der folgende einfache Test, um zu sehen, ob eine gegebene Abbildung überhaupt linear sein kann:

Test auf mögliche Linearität einer Abbildung

Gilt für eine gegebene Abbildung $f : V \to W$ zwischen zwei Vektorräumen V und W

$$f(0) \neq 0,$$

kann diese Abbildung nie linear sein.

Und für den speziellen Fall **orthogonaler Abbildungen** gilt:

Satz über orthogonale Abbildungen

Es gelten die folgenden Eigenschaften orthogonaler Abbildungen:

1. Orthogonale Abbildungen sind insbesondere injektiv.

2. Die Abbildungsmatrix A einer orthogonalen Abbildung $f : V \to V$ ($V = \mathbb{R}^n$ der üblichen Orthonormalbasis $\{e_1, e_2, \ldots, e_n\}$) hat die Eigenschaften, dass die Spalten von A zueinander senkrecht stehen und jeweils Länge 1 haben.

3. Wird die orthogonale Abbildung durch die Matrix A beschrieben, gilt $A^{-1} = A^T$.

Nun zur Thematik der **Determinanten:**

Vorgehen zur Berechnung von Determinanten

Die Determinante einer 2 × 2-Matrix berechnet sich durch

$$det(M) = a_{11}a_{22} - a_{12}a_{21}.$$

Die Determinante einer 3 × 3-Matrix

$$M = \begin{pmatrix} a_{11} & a_{12} & a_{13} \\ a_{21} & a_{22} & a_{23} \\ a_{31} & a_{32} & a_{33} \end{pmatrix}$$

ist

$$\begin{aligned} det(M) = & \, a_{11}(a_{22}a_{33} - a_{23}a_{32}) \\ & - a_{21}(a_{12}a_{33} - a_{13}a_{32}) \\ & + a_{31}(a_{12}a_{23} - a_{13}a_{22}) \end{aligned}$$

Und allgemein lässt sich die Determinante einer $n \times n$-Matrix

$$M = \begin{pmatrix} a_{11} & a_{12} & \dots & a_{1n} \\ a_{21} & a_{22} & \dots & a_{2n} \\ \vdots & \vdots & \ddots & \vdots \\ a_{n1} & \dots & \dots & a_{nn} \end{pmatrix}$$

durch die folgende Formel berechnen

$$det(M) = \sum_{i=1}^{n} (-1)^{i+j} a_{ij} det(M_{ij}),$$

wobei M_{ij} die Matrix ist, welche man erhält, wenn man aus der Matrix M die i-te Zeile und die j-te Spalte streicht und j frei wählbar ist.

Und es gelten die folgenden Rechenregeln:

Satz über das Rechnen mit Determinanten

1. $det(M) = det(M^T)$
2. $det(AB) = det(A) \cdot det(B)$
3. $det(M) = 0$, falls eine Zeile eine Linearkombination der anderen Zeilen ist oder eine Spalte eine Linearkombination der anderen Spalten ist.
4. Die Matrix M, respektive die entsprechende lineare Abbildung, ist genau dann invertierbar, falls gilt $det(M) \neq 0$.

Wendet man die **Eigenschaften der Determinante auf lineare Gleichungssysteme** an, erhält man die folgenden Resultate:

Satz über Determinanten und lineare Gleichungssysteme

1. Ein lineares Gleichungssystem $Ax = r \neq 0$ besitzt genau dann eine eindeutige Lösung, wenn gilt $det(A) \neq 0$.
2. Ein homogenes lineares Gleichungssystem $Ax = 0$ mit $det(A) \neq 0$ besitzt nur die triviale Lösung.
3. Ein homogenes lineares Gleichungssystem $Ax = 0$ mit $det(A) = 0$ besitzt unendlich viele Lösungen.

Im Kontext der **Eigenwerte und Eigenvektoren** gelten die folgenden Gesetzmässigkeiten:

Satz über Eigenwerte und Eigenvektoren

1. Die Eigenwerte können bestimmt werden als Nullstellen des charakteristischen Polynoms der $n \times n$-Matrix M:

$$p_M(\lambda) = det(M - \lambda I) = (-\lambda)^n + \sum_{k=1}^{n} a_{kk}(-\lambda)^{n-1} + \cdots + det(M)$$

2. Eine $n \times n$-Matrix M kann maximal n verschiedene Eigenwerte haben.
3. Eine $n \times n$-Matrix M mit n ungerade hat mindestens einen reellen Eigenwert.
4. Es kann sein, dass ein Eigenwert λ eine k-fache Nullstelle des charakteristischen Polynoms ist, es aber zu diesem Eigenwert weniger als k dazugehörige Eigenvektoren gibt.
5. Die Eigenvektoren zu verschiedenen Eigenwerten sind linear unabhängig.
6. Es sei λ ein Eigenwert. Dann ist die Menge

$$\left\{ \sum_{k=1}^{n_\lambda} \mu_k v_k \,\middle|\, v_k \; \textit{Eigenvektor zum Eigenwert } \lambda \right\}$$

ein Unterraum, der Eigenraum zum Eigenwert λ.

Funktionen in zwei und mehr Variablen 10

Die folgenden Begriffe und Konzepte werden als bekannt vorausgesetzt:

Funktion in mehreren Variablen, Definitions-, Ziel- und Wertebereich einer Funktion in mehreren Variablen, (un-)abhängige Variable, Graph und Niveaulinie einer Funktion (in zwei Variablen).

Erklärungen dieser Begriffe findet man z. B. im Buch von Keller [4], Kap. 10.

Tatsachen und Regeln

Ein **Grenzwert** einer Funktion in zwei oder mehr Argumenten ist analog zum eindimensionalen Fall definiert: $f(x_1, x_2, \ldots, x_n)$ **strebt für** $(x_1, x_2, \ldots, x_n)$ **gegen** $(x_1^*, x_2^*, \ldots, x_n^*)$ **gegen den Grenzwert** L,

$$\lim_{(x_1, x_2, \ldots, x_n) \to (x_1^*, x_2^*, \ldots, x_n^*)} f(x_1, x_2, \ldots, x_n) = L$$

falls

$$\forall \varepsilon > 0 \; \exists \delta > 0 \; s.d. \; \forall (x_1, x_2, \ldots, x_n) \in domain(f) \; \text{gilt}$$

$$\left(0 < \sqrt{(x_1 - x_1^*)^2 + (x_2 - x_2^*)^2 + \cdots + (x_n - x_n^*)^2} < \delta \Rightarrow |f(x_1, x_2, \ldots, x_n) - L| < \varepsilon \right)$$

Zur **Berechnung von Grenzwerten** gelten die analogen Rechenregeln wie im eindimensionalen Fall:

© Der/die Autor(en), exklusiv lizenziert durch Springer-Verlag
GmbH, DE, ein Teil von Springer Nature 2022
Laura G. A. Keller, *Höhere Mathematik kompakt,* essentials,
https://doi.org/10.1007/978-3-662-64746-2_10

Satz über Grenzwerte von Funktion in zwei und mehr Variablen
Der Grenzwert einer Folge von Funktionswerten $f(x_k)$ mit $x_k \in \mathbb{R}^n$ und $f : \mathbb{D}(f) \to \mathbb{R}$ ist eine eindeutig bestimmte Grösse – sofern dieser Grenzwert existiert.

Wir nehmen an, es gelte

$$\lim_{(x_1, x_2, \dots, x_n) \to (x_1^*, x_2^*, \dots, x_n^*)} f(x_1, x_2, \dots, x_n) = K (\neq \pm\infty),$$

$$\lim_{(x_1, x_2, \dots, x_n) \to (x_1^*, x_2^*, \dots, x_n^*)} g(x_1, x_2, \dots, x_n) = L (\neq \pm\infty)$$

und A sei eine beliebige feste Zahl.

Dann gilt:

1. $\lim_{(x_1, x_2, \dots, x_n) \to (x_1^*, x_2^*, \dots, x_n^*)} (f(x_1, x_2, \dots, x_n) + g(x_1, x_2, \dots, x_n)) = K + L$

2. $\lim_{(x_1, x_2, \dots, x_n) \to (x_1^*, x_2^*, \dots, x_n^*)} (f(x_1, x_2, \dots, x_n) - g(x_1, x_2, \dots, x_n)) = K - L$

3. $\lim_{(x_1, x_2, \dots, x_n) \to (x_1^*, x_2^*, \dots, x_n^*)} (f(x_1, x_2, \dots, x_n) \cdot g(x_1, x_2, \dots, x_n)) = K \cdot L$

4. $\lim_{(x_1, x_2, \dots, x_n) \to (x_1^*, x_2^*, \dots, x_n^*)} (A \cdot f(x_1, x_2, \dots, x_n)) = A \cdot K$

5. Falls $L \neq 0$, haben wir
   $\lim_{(x_1, x_2, \dots, x_n) \to (x_1^*, x_2^*, \dots, x_n^*)} (f(x_1, x_2, \dots, x_n) / g((x_1, x_2, \dots, x_n)) = K/L$

Die **Stetigkeit** einer Funktion in zwei oder mehr Argumenten ist analog zum eindimensionalen Fall definiert, wobei die involvierten Grenzwerte im oben angegebenen Sinn zu verstehen sind.

Differentialrechnung in zwei und mehr Variablen

Die folgenden Begriffe und Konzepte werden als bekannt vorausgesetzt:

Partielle Ableitung(-sfunktion), Gradient, Richtungsableitung, Tangentialebene, totales Differential, offene Menge, Differenzierbarkeit einer Funktion in mehreren Variablen, kritischer Punkt einer Funktion in mehreren Variablen, lokales und globales Maximum/Minimum einer Funktion in mehreren Variablen, Sattelpunkt, Hesse-Matrix und Diskriminante.

Erklärungen dieser Begriffe findet man z. B. im Buch von Keller [4], Kap. 11.

Tatsachen und Regeln
Zur Berechnung von **partiellen Ableitungen**

$$
\begin{aligned}
\lim_{h \to 0} &\frac{f(x_1, x_2, \ldots, x_i + h, \ldots, x_n) - f(x_1, x_2, \ldots, x_i, \ldots, x_n)}{h} \\
&= f_{x_i}(x_1, x_2, \ldots, x_n) \\
&= \frac{\partial f}{\partial x_i}\Big|_x \\
&= \frac{\partial z}{\partial x_i}\Big|_x
\end{aligned}
$$

von f nach x_i an der Stelle $x = (x_1, x_2, \ldots, x_n) \in \mathbb{R}^n$ (sofern der Grenzwert existiert) gelten die gleichen Regeln, die wir im eindimensionalen Fall bereits kennengelernt haben.

© Der/die Autor(en), exklusiv lizenziert durch Springer-Verlag GmbH, DE, ein Teil von Springer Nature 2022
Laura G. A. Keller, *Höhere Mathematik kompakt*, essentials,
https://doi.org/10.1007/978-3-662-64746-2_11

Was **zweite partielle Ableitungen** betrifft, gilt der

Satz von Schwarz

Falls f_{xy} und f_{yx} in einem Punkt (a, b) im Inneren ihres Definitionsbereichs stetig sind, so gilt

$$f_{xy}(a, b) = f_{yx}(a, b).$$

Die obige Regel gilt allgemeiner, wenn wir Ableitungen betrachten, bei welchen gleich oft nach der gleichen Variablen abgeleitet wird, die Reihenfolge aber unterschiedlich ist. Und selbstverständlich gilt dieses Resultat auch analog für Funktionen in mehr als zwei Variablen.

Für den **Gradient** einer Funktion $f(x_1, x_2, \ldots, x_n) = f(x)$, $x \in \mathbb{R}^n$ gelten die folgenden Eigenschaften:

Satz über den Gradienten

- Der Gradient $\nabla f(a, b)$ steht senkrecht auf der Niveaulinie f durch den Punkt (a, b).
- Er zeigt in die Richtung des steilsten Anstiegs.
- Die Länge des Gradienten, $||\nabla f(x)||$, gibt die maximale Änderungsrate in diesem Punkt an.
- Der Gradient ist eine Grösse, welche wir im Definitionsgebiet der betrachteten Funktion einzeichnen.

Auch für Funktionen in zwei und mehr Variablen gibt es eine **Kettenregel**. Im höherdimensionalen Fall gibt es nun aber zwei „Varianten":

Satz: Kettenregel für Funktionen in zwei und mehr Variablen

1. Wir betrachten eine zusammengesetzte Funktion der Form

$$z = f(x_1(t), x_2(t), \ldots, x_n(t)).$$

Dann gilt

$$\frac{dz}{dt} = \frac{\partial z}{\partial x_1}\frac{dx_1}{dt} + \frac{\partial z}{\partial x_2}\frac{dx_2}{dt} + \cdots + \frac{\partial z}{\partial x_n}\frac{dx_n}{dt} = \sum_{k=1}^{n}\frac{\partial z}{\partial x_k}\frac{dx_k}{dt}$$

2. Wir betrachten eine zusammengesetzte Funktion der Form

$$z = f(x_1(y_1, y_2, \ldots, y_m), x_2(y_1, y_2, \ldots, y_m), \ldots, x_n(y_1, y_2, \ldots, y_m))$$

Dann gilt

$$\frac{\partial z}{\partial y_k} = \sum_{s=1}^{n}\frac{\partial z}{\partial x_s}\frac{\partial x_s}{\partial y_k}$$

Im Fall einer Funktion in zwei Variablen, $f(x, y) = f(x(u, v), y(u, v))$ gilt:

$$\frac{\partial z}{\partial u} = \frac{\partial z}{\partial x}\frac{\partial x}{\partial u} + \frac{\partial z}{\partial y}\frac{\partial y}{\partial u} \quad und \quad \frac{\partial z}{\partial v} = \frac{\partial z}{\partial x}\frac{\partial x}{\partial v} + \frac{\partial z}{\partial y}\frac{\partial y}{\partial v}$$

Die **Richtungsableitung** kann wie folgt berechnet werden:

Vorgehen zur Berechnung einer Richtungsableitung

Für einen Vektor $\mathbf{u} = \mathbf{e}_u = u_1\mathbf{e}_1 + u_2\mathbf{e}_2 + \cdots + u_n\mathbf{e}_n$ der Länge eins und eine Funktion $f(x_1, x_2, \ldots, x_n)$ wird die **Richtungsableitung** von f in Richtung $\mathbf{u}$ an der Stelle $(x_1^*, x_2^*, \ldots, x_n^*)$ berechnet durch

$$D_{\mathbf{u}}f(x_1^*, x_2^*, \ldots, x_n^*) = \nabla f(x_1^*, x_2^*, \ldots, x_n^*)\cdot\mathbf{e}_u = \sum_{i=1}^{n} f_{x_i}(x_1^*, x_2^*, \ldots, x_n^*)u_i.$$

Wie im eindimensionalen Fall kann eine Funktion durch ein Polynom **approximiert** werden. Dies ist gerade das Resultat des

Satzes von Taylor für Funktionen in mehreren Variablen

Es bezeichne $x = (x_1, x_2, \ldots, x_n)$ und $y = (y_1, y_2, \ldots, y_n)$. Wiederum nehmen wir an, dass die betrachtete Funktion f und alle ihre partiellen Ableitungen auf einem offenen, rechteckigen Gebiet R um den Punkt x stetig sind. Dann gilt für $y \in R$

$$
\begin{aligned}
f(y) = \, & f(x) \\
& + \nabla f(x) \cdot (y - x) \\
& + \frac{1}{2!} \sum_{i,j=1}^{n} \frac{\partial^2 f}{\partial x_i \partial x_j}(x)(y_i - x_i)(y_j - x_j) \\
& + \ldots \\
& + \frac{1}{m!} \sum_{i_1,\ldots,i_m} \frac{\partial^m f}{\partial x_{i_1} \ldots \partial x_{i_m}}(x_t)(y_{i_1} - x_{i_1}) \cdots (y_{i_m} - x_{i_m})
\end{aligned}
$$

mit

$$
x_t = (1 - t)x + ty
$$

für ein $t \in [0, 1]$.

Neben den Begriffen der partiellen Ableitungen, dem Gradienten und der Richtungsableitung gibt es auch das Konzept der **Differenzierbarkeit.** In diesem Zusammenhang sind die beiden folgenden Resultate wichtig:

Satz über die Differenzierbarkeit für Funktionen in mehreren Variablen

Falls auf einem offenen, rechteckigen Gebiet R alle ersten partiellen Ableitungen der Funktion f stetig sind, ist f dort differenzierbar.

Analog impliziert auch im mehrdimensionalen Fall die Differenzierbarkeit Stetigkeit:

Satz über Stetigkeit und Differenzierbarkeit für Funktionen in mehreren Variablen

Falls die Funktion f an der Stelle $(x_1, \ldots, x_n)$ differenzierbar ist, ist f dort insbesondere stetig.

Kritische Punkte im $\mathbb{R}^2$ können mit Hilfe des untenstehenden Tests **charakterisiert** werden:

Satz über die Charakterisierung kritischer Punkte von Funktionen in zwei Variablen mit Hilfe der Diskriminante / Hesse-Matrix

Es sei (a, b) ein kritischer Punkt der Funktion f.

Mit Hilfe der Diskriminante

$$D(a, b) = f_{xx}(a, b) \cdot f_{yy}(a, b) - (f_{xy}(a, b))^2$$

gilt:

- Ist $D(a, b) > 0$ und $f_{xx}(a, b) > 0$, liegt an der Stelle (a, b) ein lokales Minimum vor.
- Ist $D(a, b) > 0$ und $f_{xx}(a, b) < 0$, liegt an der Stelle (a, b) ein lokales Maximum vor.
- Ist $D(a, b) < 0$, liegt an der Stelle (a, b) ein Sattelpunkt vor.
- Ist $D(a, b) = 0$, können keine weiteren Aussagen gemacht werden.

Bei der **Regression** geht man wie folgt vor:

Vorgehen zur linearen Regression

Gegeben sind N Punkte (zum Beispiel Messdaten) (x_i, y_i), $i = 1, \ldots, N$.

Gesucht ist eine Gerade $y(x) = a + bx$, welche die Punkte optimal annähert.
Mit optimal ist hier gemeint, dass die Summe der quadratischen Fehler

$$S(a, b) = \sum_{i=1}^{N} (y_i - y(x_i))^2 = \sum_{i=1}^{N} (y_i - (a + bx_i))^2$$

minimiert werden soll.

Dann gilt:

$$\begin{pmatrix} a \\ b \end{pmatrix} = \begin{pmatrix} N & \sum_{i=1}^{N} x_i \\ \sum_{i=1}^{N} x_i & \sum_{i=1}^{N} x_i^2 \end{pmatrix}^{-1} \begin{pmatrix} \sum_{i=1}^{N} y_i \\ \sum_{i=1}^{N} x_i y_i \end{pmatrix}$$

Lokale Extremalstellen werden wie folgt diskutiert:

Vorgehen zur Diskussion lokaler Extremalstellen von Funktion $f(x, y)$ in zwei Variablen

1. Bestimmung aller kritischen Punkte
2. Charakterisierung der gefundenen kritischen Punkte mit Hilfe des Test mit der Hesse-Matrix
3. Punkte, an welchen der Gradient nicht definiert ist, müssen separat betrachtet werden.

Globale Extremalstellen werden wie folgt diskutiert:

Vorgehen zur Bestimmung optimaler Werte auf einem offenen Gebiet

1. Bestimmung und Diskussion aller kritischen Punkte
2. Bestimmung der Punkte, an denen der Gradient nicht definiert ist
3. Liste der Funktionswerte an den Punkten, die in den beiden vorangehenden Schritten identifiziert wurden
4. Was passiert, wenn wir uns dem Rand des betrachteten Gebiets, respektive allfälligen Definitionslücken nähern? Berechnung allfälliger Grenzwerte
5. Evaluation der zusammengetragenen Informationen. Insbesondere auch die Frage: Welche Werte werden tatsächlich angenommen?

Bei der Bestimmung von **Extremalstellen (bedingten Optimierung) unter der Nebenbedingung** $g(x, y) = c$ geht man wie folgt vor:

Vorgehen zur Optimierung unter Nebenbedingungen $g(x, y) = c$ **:**
Methode der Lagrange-Multiplikatoren
Kandidaten für bedingte Extremalstellen der Funktion f unter der Nebenbedingung $g(x, y) = c$ können durch Lösen des Gleichungssystems

$$\nabla f = \lambda \nabla g, \quad g(x, y) = c$$

gefunden werden.

Konkret werden die folgenden Schritte ausgeführt:

1. Wir suchen die Lösungen (x, y) des Gleichungssystems

$$\nabla f = \lambda \nabla g, \quad g(x, y) = c$$

2. Wir bestimmen diejenigen Punkte, an welchen der Gradient allenfalls nicht definiert ist.

---

3. Falls g einen beschränkten Definitionsbereich hat, müssen wir auch die Randpunkte dieses Definitionsbereichs betrachten und die zu optimierende Funktion f an diesen Punkten auswerten.
4. Wir werten f an allen Punkten aus, die wir in den vorangehenden Schritten gefunden haben, und bestimmen den grössten, respektive den kleinsten Wert. Wird dieser angenommen?

Bei der Bestimmung von **Extremalstellen (bedingten Optimierung) unter der Nebenbedingung** $g(x, y) \leq c$ (also insbesondere auch bei der Optimierung auf einem kompakten Gebiet) geht man wie folgt vor:

Vorgehen zur Optimierung unter Nebenbedingungen $g(x, y) \leq c$:
Methode der Lagrange-Multiplikatoren

1. Für den Bereich $g(x, y) < c$ (innerer Bereich) suchen wir die Lösungen der Gleichung

$$\nabla f = 0$$

2. Für jedes Randstück $g_i(x, y) = c_i$ verwenden wir die Methode der Lagrange-Multiplikatoren, d. h. wir suchen die Lösungen (x, y) des Gleichungssystems

$$\nabla f = \lambda \nabla g_i, \quad g_i(x, y) = c_i$$

3. Wir bestimmen diejenigen Punkte, an welchen der Gradient allenfalls nicht definiert ist.
4. Falls g_i einen beschränkten Definitionsbereich hat, müssen wir auch die Randpunkte dieses Definitionsbereichs betrachten („Eckpunkte").
5. Wir werten f an allen Punkten aus, die wir in den vorangehenden Schritten gefunden haben, und bestimmen den grössten, respektive den kleinsten Wert. Wird dieser angenommen?

Ausserdem ist das folgende Resultat hilfreich:

Satz über stetige Funktionen in mehreren Variablen auf kompaktem Bereich
Ist die zu optimierende Funktion stetig und ist der betrachtete Bereich **kompakt**, d. h. beschränkt und abgeschlossen (alle Randpunkte gehören dazu), werden sowohl das Minimum als auch das Maximum angenommen.

Integralrechnung in zwei und mehr Variablen

12

Die folgenden Begriffe und Konzepte werden als bekannt vorausgesetzt:

Bestimmtes Integral für eine Funktion in mehreren Variablen, Doppelintegral, Dreifachintegral, iteriertes Integral, Mittelwert des Integrals für Funktionen in mehreren Variablen.

Erklärungen dieser Begriffe findet man z. B. im Buch von Keller [4], Kap. 12.

Tatsachen und Regeln
Im Falle einer **Integration über ein Rechteck** $R = [a, b] \times [c, d]$ gilt der

Satz von Fubini

$$\int_R f \, dA = \int_c^d \left(\int_a^b f(x, y) \, dx \right) dy$$

$$= \int_c^d \int_a^b f(x, y) \, dx \, dy$$

$$= \int_a^b \left(\int_c^d f(x, y) \, dy \right) dx$$

Allgemeiner gilt, dass bei einer mehrfachen Integration, bei welcher alle Integrationsgrenzen Konstanten sind, die Integrationsreihenfolge vertauscht werden darf.

© Der/die Autor(en), exklusiv lizenziert durch Springer-Verlag GmbH, DE, ein Teil von Springer Nature 2022
Laura G. A. Keller, *Höhere Mathematik kompakt,* essentials,
https://doi.org/10.1007/978-3-662-64746-2_12

Bei der **Integration über allgemeinere Gebiete** ist zu beachten, dass

---

Hinweise zur Integration in mehreren Variablen

- die Grenzen des äusseren Integrals nur Konstanten sein dürfen.
- die Grenzen des inneren Integrals von der Integrationsvariablen des äusseren Integrals abhängen dürfen.
- die Integrationsgrenzen angepasst werden müssen, wenn die Integrationsreihenfolge vertauscht wird.

Für die Integration in **Polarkoordinaten** gilt:

Hinweise zur Integration in Polarkoordinaten

$$dA = r\,dr\,d\varphi \quad respektive \quad dA = r\,d\varphi\,dr$$

und für das allfällige Umschreiben des Integranden sind die folgenden Formeln zu berücksichtigen

$$x = r\cos\varphi, \quad y = r\sin\varphi \quad und \quad x^2 + y^2 = r^2$$

Selbstverständlich gelten die analogen **Rechenregeln** zur Integration in einer Variablen:

Satz über die Integrationsregeln für Funktionen in mehreren Variablen

1.

$$\int_G cf(x, y)\,dA = c\int_G f(x, y)\,dA, \quad c \in \mathbb{R}$$

2.

$$\int_G f(x, y) \pm g(x, y)\,dA = \int_G f(x, y)\,dA \pm \int_G g(x, y)\,dA$$

3.

$$\int_G f(x, y)\, dA \leq \int_G g(x, y)\, dA, \; falls \; \forall (x, y) \in G : f(x, y) \leq g(x, y)$$

4.

$$\int_G f(x, y)\, dA = \int_{G_1} f(x, y)\, dA + \int_{G_2} f(x, y)\, dA, \; falls \; G = G_1 \cup G_2$$

Die gesehenen Regeln übertragen sich in offensichtlicher Art und Weise auf den Fall von mehr als zwei iterierten Integralen.

Bei der **dreifachen Integration** im dreidimensionalen Raum haben wir:

Hinweise zur Integration im dreidimensionalen Raum

- Die Integrationsgrenzen des innersten Integrals dürfen noch von den beiden Variablen des mittleren und des äusseren Integrals abhängen, die Integrationsgrenzen des mittleren Integrals dürfen noch von der Variable des äusseren Integrals abhängen, und die Integrationsgrenzen des äusseren Integrals müssen Konstanten sein.
- Auch andere Reihenfolgen der Integrationen sind möglich.
  Sind alle auftretenden Integrationsgrenzen Konstanten, darf die Integrationsreihenfolge beliebig vertauscht werden.
- Bei der Verwendung von **Zylinderkoordinaten**

$$(r \cos \varphi, \, r \sin \varphi, \, z)$$

  gilt

$$dV = dz\, r\, dr\, d\varphi = r\, dz\, dr\, d\varphi \quad \text{(und mögliche Permutationen)}$$

• Bei der Verwendung von **Kugelkoordinaten**

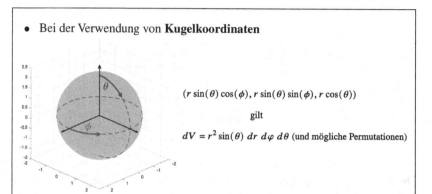

$(r \sin(\theta) \cos(\phi), r \sin(\theta) \sin(\phi), r \cos(\theta))$

gilt

$dV = r^2 \sin(\theta)\, dr\, d\varphi\, d\theta$ (und mögliche Permutationen)

Im allgemeinen Fall kann der folgende **Transformationssatz** hilfreich sein, wenn es darum geht, ein Integral durch andere Koordinaten auszudrücken:

Transformationssatz

Es seien Ω ein Gebiet in $\mathbb{R}^n$ und $\Phi : \Omega \to \Phi(\Omega) \subset \mathbb{R}^n$ eine Abbildung, welche umkehrbar ist und die Eigenschaft hat, dass diese Abbildung sowie auch die Umkehrabbildung abgeleitet werden können, dann gilt

$$\int_{\Phi(\Omega)} f(y)\, dy = \int_{\Omega} f(\Phi(x)) \cdot |\det(D\Phi(x))|\, dx,$$

wobei $D\Phi$ die Jacobi-Matrix der ersten Ableitungen ist ($y = \Phi(x)$):

$$D\Phi = \begin{pmatrix} \dfrac{\partial y_1}{\partial x_1} & \dfrac{\partial y_1}{\partial x_2} & \cdots & \dfrac{\partial y_1}{\partial x_n} \\[2mm] \dfrac{\partial y_2}{\partial x_1} & \dfrac{\partial y_2}{\partial x_2} & \cdots & \dfrac{\partial y_2}{\partial x_n} \\[2mm] \vdots & \vdots & \ddots & \vdots \\[2mm] \dfrac{\partial y_n}{\partial x_1} & \cdots & \cdots & \dfrac{\partial y_n}{\partial x_n} \end{pmatrix}$$

Man beachte, dass hier sowohl x als auch y Vektoren im $\mathbb{R}^n$ sind.

Parametrisierungen

13

Die folgenden Begriffe und Konzepte werden als bekannt vorausgesetzt:

Parametrisierung, Parameter, Bahn, Trajektorie, Darstellung durch Vektoren, momentane Geschwindigkeit, Schnelligkeit und Beschleunigung im Kontext einer Parametrisierung.

Erklärungen dieser Begriffe findet man z. B. im Buch von Keller [4], Kap. 13.

Tatsachen und Regeln

Falls wir eine parametrisierte Kurve $\vec{p}(t) = \begin{pmatrix} x(t) \\ y(t) \\ z(t) \end{pmatrix}$ mit $a \leq t \leq b$ anschauen,

gilt der

Satz über die Berechnung der Länge einer parametrisierten Kurve

$$L = \int_a^b \sqrt{\left(\frac{dx}{dt}\right)^2 + \left(\frac{dy}{dt}\right)^2 + \left(\frac{dz}{dt}\right)^2}\, dt$$

wobei wir annehmen, dass die Bahn genau einmal von der betrachteten Parametrisierung durchlaufen wird.

Ausserdem gilt, dass die Länge – unter der obigen Bedingung – unabhängig ist von der gewählten Parametrisierung.

© Der/die Autor(en), exklusiv lizenziert durch Springer-Verlag
GmbH, DE, ein Teil von Springer Nature 2022
Laura G. A. Keller, *Höhere Mathematik kompakt,* essentials,
https://doi.org/10.1007/978-3-662-64746-2_13

Und für die momentane Geschwindigkeit $\vec{v}$ gilt:

Satz über die momentane Geschwindigkeit einer parametrisierten Kurve
$\vec{v}$ zeigt immer in Richtung der Bewegung und ist tangential zur Bahn.

Vektorfelder 14

Die folgenden Begriffe und Konzepte werden als bekannt vorausgesetzt:

Vektorfeld, Gradientenfeld und Potentialfunktion sowie Richtungsfeld und Feldlinie.

Erklärungen dieser Begriffe findet man z. B. im Buch von Keller [4], Kap. 14.

Tatsachen und Regeln

Mit Hilfe des **Richtungsfeldes** einer Differentialgleichung erster Ordnung können einerseits approximative Lösungskurven skizziert werden und andererseits z. B. Fragen zu Stabilität von Gleichgewichten beantwortet werden.

© Der/die Autor(en), exklusiv lizenziert durch Springer-Verlag GmbH, DE, ein Teil von Springer Nature 2022
Laura G. A. Keller, *Höhere Mathematik kompakt,* essentials,
https://doi.org/10.1007/978-3-662-64746-2_14

Linienintegrale und Oberflächenintegrale 15

Die folgenden Begriffe und Konzepte werden als bekannt vorausgesetzt:

Orientierte Kurve, Linienintegral, konservatives Vektorfeld und Wegunabhängigkeit, Potentialfunktion, einfach zusammenhängendes Gebiet, Oberflächenintegral, Flussintegral, Rotation und Divergenz eines Vektorfeldes im $\mathbb{R}^2$ und im $\mathbb{R}^3$.

Erklärungen dieser Begriffe findet man z. B. im Buch von Keller [4], Kap. 15.

Tatsachen und Regeln
Wir beginnen mit den zwei Varianten eines Linienintegrals:

Variante 1: Integral entlang einer Kurve über ein Vektorfeld

Berechnung Linienintegral über Vektorfeld
Es sei C eine orientiere Kurve mit Parametrisierung $\vec{p}(t)$, $t \in [a, b]$, sodass $\vec{p}\,'(t)$ für alle t existiert. Ausserdem sei ein (stetiges) Vektorfeld $\vec{F}$ gegeben. Dann ist das **Linienintegral des Vektorfeldes (Kurvenintegral des Vektorfeldes)** $\vec{F}$ über die orientierte Kurve C gegeben durch

$$\int_C \vec{F} \cdot d\vec{p} = \int_a^b \vec{F}(\vec{p}(t)) \cdot \vec{p}\,'(t)\, dt$$

Zur Berechnung von **Linienintegralen über Vektorfelder** sind die folgenden Rechenregeln zu berücksichtigen:

Satz über das Rechnen mit Linienintegralen über Vektorfelder

1. $\displaystyle \int_C \lambda \vec{F} \cdot d\vec{p} = \lambda \int_C \vec{F} \cdot d\vec{p}$

2. $\displaystyle \int_C (\vec{F} \pm \vec{G}) \cdot d\vec{p} = \int_C \vec{F} \cdot d\vec{p} \pm \int_C \vec{G} \cdot d\vec{p}$

3. $\displaystyle \int_{C_1+C_2} \vec{F} \cdot d\vec{p} = \int_{C_1 \cup C_2} \vec{F} \cdot d\vec{p} = \int_{C_1} \vec{F} \cdot d\vec{p} + \int_{C_2} \vec{F} \cdot d\vec{p}$

4. $\displaystyle \int_{-C} \vec{F} \cdot d\vec{p} = - \int_C \vec{F} \cdot d\vec{p}$

Variante 2: Integral entlang einer Kurve über eine skalare Grösse

Berechnung Linienintegral über skalare Grösse

Es sei C eine Kurve mit Parametrisierung $\vec{p}(t)$, $t \in [a, b]$, sodass $\vec{p}\,'(t)$ für alle t existiert. Ausserdem sei eine (stetige) skalare Funktion ρ gegeben. Dann ist das **Linienintegral der skalaren Grösse** ρ (**Kurvenintegral der skalaren Grösse** ρ) über die Kurve C gegeben durch

$$\int_C \rho(\vec{p}) \, ds = \int_a^b \rho(\vec{p}(t)) \, \|\vec{p}\,'(t)\| \, dt$$

Im Falle von **Linienintegralen skalarer Grössen** gelten die analogen Regeln:

Satz über das Rechnen mit Linienintegralen über skalare Grössen

1. $\displaystyle \int_C \lambda f \, ds = \lambda \int_C f \, ds$

2. $\displaystyle \int_C (f \pm g) \, ds = \int_C f \, ds \pm \int_C g \, ds$

3. $\displaystyle \int_{C_1+C_2} f \, ds = \int_{C_1 \cup C_2} f \, ds = \int_{C_1} f \, ds + \int_{C_2} f \, ds$

Die Konzepte eines **konservativen Vektorfeldes** und eines **Gradientenfeldes** hängen wie folgt zusammen:

Satz über konservative Vektorfelder und Potentialfunktionen
Ein stetiges Vektorfeld $\vec{F}$, welches auf einem offenen und einfach zusammenhängenden Gebiet G definiert ist, ist genau dann ein konservatives Vektorfeld, wenn $\vec{F}$ ein Gradientenfeld (Potentialfeld) ist, d. h. falls es eine (differenzierbare) **Potentialfunktion** f gibt, welche auf G definiert ist, so dass gilt $\vec{F} = \nabla f$.

Und es gilt das folgende zentrale Resultat:

Hauptsatz für Linienintegrale
Ist $\vec{F}$ ein stetiges Gradientenfeld und K eine stückweise differenzierbare Kurve zwischen den Punkten P und Q, so gilt

$$\int_K \vec{F} \cdot d\vec{p} = \int_K \nabla f \cdot d\vec{p} = f(Q) - f(P)$$

Schliesslich gilt der

Satz über die Charakterisierungen konservativer Vektorfelder
Die beiden folgenden Charakterisierungen eines konservativen Vektorfeldes sind äquivalent:

1. Für jede beliebige geschlossene (stückweise differenzierbare) orientierte Kurve K gilt

$$\int_K \vec{F} \cdot d\vec{p} = \oint_K \vec{F} \cdot d\vec{p} = 0$$

2. Das betrachtete Vektorfeld $\vec{F} = F_1 \vec{e}_x + F_2 \vec{e}_y$ hat stetige Ableitungen, wird auf einem einfach zusammenhängenden Gebiet betrachtet und erfüllt die folgende Integrabilitätsbedingung

$$\frac{\partial F_1}{\partial y} = \frac{\partial F_2}{\partial x}$$

Was die Integration entlang von Kurven betrifft, gibt es neben dem oben gesehenen Hauptsatz weitere Sätze, welche es uns erlauben, solche Integrale in andere Integrale zu überführen. Diese Resultate nennt man **Integralsätze.**

Wir beginnen mit dem Fall der Kurvenintegrale in der Ebene, also den **Integralsätzen in der Ebene:**

Satz von Green

Wir betrachten ein Vektorfeld $\vec{F} = \begin{pmatrix} F_1(x,y) \\ F_2(x,y) \end{pmatrix}$ mit der Eigenschaft, dass die Komponentenfuntionen stetige partielle Ableitungen haben, und eine stückweise differenzierbare, geschlossene Kurve K, welche im Gegenuhrzeigersinn durchlaufen wird. Dann gilt

$$\int_K \vec{F} \cdot d\vec{r} = \int_B \left(\frac{\partial F_2}{\partial x} - \frac{\partial F_1}{\partial y} \right) dx\, dy = \int_B rot(\vec{F})\, dx\, dy$$

wobei B das von K berandete Gebiet ist.

Satz von Gauss

Wir betrachten ein Vektorfeld $\vec{F} = \begin{pmatrix} F_1(x,y) \\ F_2(x,y) \end{pmatrix}$ mit der Eigenschaft, dass die Komponentenfunktionen stetige partielle Ableitungen haben, und eine stückweise differenzierbare Kurve K, welche im Gegenuhrzeigersinn durchlaufen wird. Dann gilt

$$\int_K F^{\perp}\, ds = \int_B \left(\frac{\partial F_1}{\partial x} + \frac{\partial F_2}{\partial y} \right) dx\, dy = \int_B div(\vec{F})\, dx\, dy$$

wobei B das von K berandete Gebiet ist.

Das Integral $\int_K F^\perp \, ds = \int_K \vec{F} \cdot \vec{n} \, ds$ wird auch als **Flussintegral** bezeichnet.

Der Vektor $\vec{n}$ ist der nach aussen weisende normierte Normalenvektor. Dieser kann wie folgt berechnet werden, falls K durch die Parametrisierung

$$\vec{p}(t) = \begin{pmatrix} p_1(t) \\ p_2(t) \end{pmatrix} \text{ gegeben ist}$$

$$\vec{n} = \pm \frac{1}{\|\vec{p}\,'(t)\|} \begin{pmatrix} -p_2'(t) \\ p_1'(t) \end{pmatrix}$$

Analog zur Integration entlang von Kurven kann im drei-dimensionalen Raum eine **Integration über eine Fläche im Raum** definiert werden:

Berechnung von Oberflächenintegralen

Es sei F eine parametrisierte Fläche mit Parametrisierung $\vec{p}(k, l)$, $(k, l) \in R = [a, b] \times [c, d]$, sodass $\vec{p}_k(k, l)$ und $\vec{p}_l(k, l)$ für alle (k, l) existieren. Ausserdem sei eine (stetige) skalare Funktion ρ gegeben. Das **Integral von ρ über die Fläche F** ist dann wie folgt gegeben

$$\int_F \rho \, d\sigma = \int_R \rho(\vec{p}(k, l)) \| \vec{p}_k(k, l) \times \vec{p}_l(k, l) \| \, dA$$

Und dann gelten die folgenden **Integralsätze im Raum**:

Satz von Stokes

Wir betrachten ein Vektorfeld $\vec{V} = \begin{pmatrix} V_1(x, y, z) \\ V_2(x, y, z) \\ V_3(x, y, z) \end{pmatrix}$ mit der Eigenschaft, dass die Komponentenfuntionen stetige partielle Ableitungen haben, und F sei eine parametrisierte Fläche mit Parametrisierung $\vec{p}(k, l)$, $(k, l) \in R = [a, b] \times [c, d]$, sodass $\vec{p}_k(k, l)$ und $\vec{p}_l(k, l)$ für alle (k, l) existieren.

Dann gilt

$$
\int_F rot(\vec{V}) \cdot \vec{n}\, d\sigma = \int_F \begin{pmatrix} \dfrac{\partial}{\partial y} V_3(x,y,z) - \dfrac{\partial}{\partial z} V_2(x,y,z) \\[2mm] \dfrac{\partial}{\partial z} V_1(x,y,z) - \dfrac{\partial}{\partial x} V_3(x,y,z) \\[2mm] \dfrac{\partial}{\partial x} V_2(x,y,z) - \dfrac{\partial}{\partial y} V_1(x,y,z) \end{pmatrix} \cdot \vec{n}\, d\sigma
$$

$$
= \int_K \vec{V} \cdot d\vec{r}
$$

wobei F eine Fläche im Raum ist mit Randkurve K mit Parametrisierung $\vec{r}$.

$\vec{n}$ ist hier der nach aussen weisende normierte Normalenvektor. Dieser kann wie folgt berechnet werden

$$
\vec{n} = \pm \frac{\vec{p}_k(k,l) \times \vec{p}_l(k,l)}{\|\vec{p}_k(k,l) \times \vec{p}_l(k,l)\|}
$$

Satz von Gauss im Raum

Wir betrachten ein Vektorfeld $\vec{V} = \begin{pmatrix} V_1(x,y,z) \\ V_2(x,y,z) \\ V_3(x,y,z) \end{pmatrix}$ mit der Eigen-
schaft, dass die Komponentenfuntionen stetige partielle Ableitungen haben, und F sei eine parametrisierte Fläche mit Parametrisierung $\vec{p}(k,l)$, $(k,l) \in R = [a,b] \times [c,d]$, sodass $\vec{p}_k(k,l)$ und $\vec{p}_l(k,l)$ für alle (k,l) existieren.
Dann gilt

$$
\int_F \vec{V} \cdot \vec{n}\, d\sigma = \int_G \left(\frac{\partial}{\partial x} V_1(x,y,z) + \frac{\partial}{\partial y} V_2(x,y,z) + \frac{\partial}{\partial z} V_3(x,y,z) \right) dx\, dy\, dz
$$

$$
= \int_G div(V)\, dx\, dy\, dz
$$

wobei F eine Fläche im Raum ist, welche das Gebiet G umschliesst.

Auch hier ist $\vec{n}$ der nach aussen weisende normierte Normalenvektor. Dieser kann wie folgt berechnet werden

$$\vec{n} = \pm \frac{\vec{p}_k(k,l) \times \vec{p}_l(k,l)}{||\vec{p}_k(k,l) \times \vec{p}_l(k,l)||}$$

Das Integral

$$\int_F \vec{V} \cdot \vec{n}\, d\sigma = \int_R \vec{V}(\vec{p}) \cdot \frac{\vec{p}_k(k,l) \times \vec{p}_l(k,l)}{||\vec{p}_k(k,l) \times \vec{p}_l(k,l)||} ||\vec{p}_k(k,l) \times \vec{p}_l(k,l)||\, dk\, dl$$

$$= \int_R \vec{V}(\vec{p}) \cdot \left(\vec{p}_k(k,l) \times \vec{p}_l(k,l) \right)\, dk\, dl$$

wird auch als **Flussintegral im Raum** bezeichnet.

Partielle Differentialgleichungen 16

Die folgenden Begriffe und Konzepte werden als bekannt vorausgesetzt:

Partielle Differentialgleichung, Laplace-Operator, Wärmeleitungskern, Fourier- und Laplacetransformation sowie Fourierreihen, Dirac-Delta-Distribution und Charakteristiken.

Erklärungen dieser Begriffe findet man z. B. im Buch von Keller [4], Kap. 16.

Tatsachen und Regeln
Wir beginnen mit zwei einfachen **Ansätzen** für gesuchte Lösungen einer partiellen Differentialgleichung in zwei Variablen:

Summenansatz zum Lösen einer partiellen Differentialgleichung
Der **Summenansatz** zum Lösen einer partiellen Differentialgleichung besteht darin, dass die gesuchte Lösung $u(t, x)$ angesetzt wird als

$$u(t, x) = F(x) + G(t).$$

Produktansatz zum Lösen einer partiellen Differentialgleichung
Der **Produktansatz** zum Lösen einer partiellen Differentialgleichung besteht darin, dass die gesuchte Lösung $u(t, x)$ angesetzt wird als

$$u(t, x) = F(x) \cdot G(t).$$

Für eine spezielle Klasse von Differentialgleichungen, die **Diffusion/ Wärmeleitungsgleichung**, haben wir eine besondere Lösungsformel:

Satz über die Lösung der Wärmeleitungsgleichung (Diffusionsgleichung)
Die Funktion

$$u(t, x) = \int_{-\infty}^{\infty} K_{ct}(x - y) f(y) \, dy$$

mit

$$K_{ct}(x) = \frac{1}{\sqrt{4\pi ct}} e^{-\frac{x^2}{4ct}}$$

löst das Anfangswertproblem zur Wärmeleitungsgleichung (Diffusionsgleichung)

$$\begin{cases} u_t = cu_{xx} & t > 0, x \in \mathbb{R} \quad (c > 0) \\ u(0, x) = f(x) & x \in \mathbb{R} \end{cases}$$

wobei wir annehmen, dass f insbesondere stetig ist.

Für die oft nützliche **Fehlerfunktion** haben wir:

Satz über die Fehlerfunktion
Die wichtigsten Eigenschaften der Fehlerfunktion $\text{erf}(x)$

$$\text{erf}(x) = \frac{2}{\sqrt{\pi}} \int_0^x e^{-s^2} \, ds$$

und der konjugierten Fehlerfunktion $\text{erf}(x)$

$$\text{erfc}(x) = 1 - \text{erf}(x) = \frac{2}{\sqrt{\pi}} \int_x^{\infty} e^{-s^2} \, ds$$

sind

1.

$$\text{erf}(-x) = -\text{erf}(x)$$

2.

$$\text{erf}(0) = 0 \quad \text{und} \quad \text{erfc}(0) = 1 - \text{erf}(0) = 1 - 0 = 1 = \frac{2}{\sqrt{\pi}} \int_0^\infty e^{-s^2} \, ds.$$

Für die **Fouriertransformation**

$$\mathcal{F}\{u(t)\}(\omega) = \int_{-\infty}^{\infty} u(s) e^{-i\omega s} \, ds = \hat{u}(\omega)$$

einiger spezieller Funktionen haben wir:

Satz über die Fouriertransformationen spezieller Funktionen
Es gilt

-
$$\mathcal{F}\{e^{-a|t|^2}\}(\omega) = \left(\frac{\pi}{a}\right)^{1/2} e^{-|\omega|^2/(4a)}, \quad a \in \mathbb{R}^+$$

-
$$\mathcal{F}\{1\}(\omega) = 2\pi \delta_0(\omega)$$

wobei δ_s die **Dirac-Delta-Distribution** im folgenden Sinn zu verstehen ist

$$\int_{\mathbb{R}} \delta_s(t) f(t) \, dt = f(s), \quad s \in \mathbb{R}$$

-
$$\mathcal{F}\{H_{\alpha,a}(t)\}(\omega) = \alpha e^{-ia\omega} \left(\frac{1}{i\omega} + \frac{1}{2}\delta_0\right)$$

wobei $H_{\alpha,a}(t)$ die **Heaviside-Funktion** bezeichnet, welche wie folgt gegeben ist

$$H_{\alpha,a}(t) = \begin{cases} \alpha, & t > a \\ 0, & t \leq a \end{cases}$$

Und allgemein gilt der

Satz über die Rechenregeln zur Fouriertransformation
Es gelten die folgenden Regeln:

- Differentiation
$$\mathcal{F}\{\dot{u}(t)\}(\omega) = i\omega\hat{u}(\omega)$$

respektive
$$\mathcal{F}\{-itu(t)\}(\omega) = \frac{d}{d\omega}\hat{u}(\omega)$$

- Linearität

$$\mathcal{F}\{Au(t) + Bv(t)\}(\omega) = A \cdot \hat{u}(\omega) + B \cdot \hat{v}(\omega)$$

- Integration
$$\mathcal{F}\left\{\int_{-\infty}^{t} u(s)\,ds\right\}(\omega) = \frac{1}{i\omega}\hat{u}(\omega)$$

- Umkehrung
$$\mathcal{F}^{-1}\left\{\hat{u}(\omega)\right\}(t) = \frac{1}{2\pi}\int_{-\infty}^{\infty}\hat{u}(\omega)e^{i\omega t}\,d\omega$$

- Ähnlichkeit/Reskalierung

$$\mathcal{F}\{u(a\cdot t)\}(\omega) = \frac{1}{|a|}\hat{u}\left(\frac{\omega}{a}\right), \quad a\in\mathbb{R}$$

- Zeitverschiebung

$$\mathcal{F}\{u(t - t_0)\}(\omega) = e^{-i\omega t_0}\cdot\hat{u}(\omega), \quad t_0\ beliebig$$

- Frequenzverschiebung (Dämpfung, Modulation)

$$\mathcal{F}\{e^{i\omega_0 t}\cdot u(t)\}(\omega) = \hat{u}(\omega - \omega_0)$$

- Faltungssätze
$$\mathcal{F}\{f * g\}(\omega) = \hat{f}(\omega)\cdot\hat{g}(\omega).$$

und

$$\mathcal{F}\{f(t)\cdot g(t)\}(\omega) = \frac{1}{2\pi}\left(\hat{f}*\hat{g}\right)(\omega)$$

wobei die **Faltung** zweier Funktionen f und g wie folgt gegeben ist

$$(f*g)(x) = \int_{\mathbb{R}} f(y)g(x-y)\,dy$$

- Folgerung: Symmetrieeigenschaft

$$\mathcal{F}\{u(t)\}(\omega) = \hat{u}(\omega) \Leftrightarrow \mathcal{F}\{\hat{u}(t)\}(\omega) = 2\pi u(-\omega)$$

Für die **Laplaceformation**

$$\mathcal{L}\{u(t)\}(s) = \int_{0^-}^{\infty} u(t)e^{-st}\,dt$$

$$= \lim_{a\nearrow 0}\lim_{T\to\infty}\int_a^T u(t)e^{-st}\,dt \quad (s\in\mathbb{C})$$

$$= U(s)$$

einiger spezieller Funktionen haben wir:

Satz über die Laplacetransformationen spezieller Funktionen
Es gelten die folgenden Laplacetransformationen spezieller Funktionen
(wobei die betrachteten Funktionen jeweils für $t<0$ durch null fortgesetzt
sind, also kausal sind):

- $$\mathcal{L}\{e^{-at}\}(s) = \frac{1}{s+a}, \quad Re(s) > -a$$

- $$\mathcal{L}\{\delta_0\}(s) = 1$$

- $$\mathcal{L}\{t^n\}(s) = \frac{n!}{s^{n+1}}, \quad Re(s) > 0$$

- $$\mathcal{F}\{H_{1,0}(t)\}(s) = \frac{1}{s}, \quad Re(s) > 0$$

Und allgemein gilt der

Satz über die Rechenregeln zur Laplacetransformation
Es gelten die folgenden Regeln:

- Differentiation

$$\mathcal{L}\{u^{(n)}(t)\}(s) = s^n U(s) - s^{n-1} u(0^-) - s^{n-2} \dot{u}(0^-)$$
$$- \cdots - s u^{(n-2)}(0^-) - u^{(n-1)}(0^-)$$

- Linearität

$$\mathcal{L}\{Au(t) + Bv(t)\}(s) = A \cdot U(s) + B \cdot V(s)$$

- Ähnlichkeit/Reskalierung

$$\mathcal{L}\{u(a \cdot t)\}(s) = \frac{1}{a} U\left(\frac{s}{a}\right), \quad a > 0$$

- Zeitverschiebung

$$\mathcal{L}\{u(t - t_0)\sigma(t - t_0)\}(s) = e^{-st_0} \cdot U(s), \quad t_0 > 0, \quad u(t) \; kausal$$

- Integration

$$\mathcal{L}\left\{ \int_{0^-}^{t^+} u(\tau)\, d\tau \right\}(s) = \frac{1}{s} U(s)$$

Eine weitere Idee ist die

Verwendung von Fourierreihen zum Lösen partieller Differentialgleichungen
Falls bekannt ist, dass die Lösung $u(t, x)$ einer partiellen Differentialgleichung in x periodisch sein muss mit Periode L, kann die gesuchte Lösung angesetzt werden als

$$u(x, t) = \sum_{n=-\infty}^{\infty} c_n(t) e^{2\pi i n x/L} \quad \text{mit} \quad c_n(t) = \frac{1}{L} \int_0^L u(x, t) e^{-2\pi i n x/L}\, dx$$

Und schliesslich haben wir für die spezielle Klasse der **Transportgleichung** den

Satz über die Lösung der Transportgleichung
Die Funktion

$$u(t, x) = u(t, \gamma(t)) = f(g(0))$$

wobei $g(t)$ eine Lösung des folgenden Problems ist

$$\begin{cases} \dfrac{dg}{dt} = b(g) \\ g(t) = x \end{cases}$$

löst das Anfangswertproblem zur Transportgleichung

$$\begin{cases} u_t + b(x)u_x = 0 \\ \quad u(0, x) = f(x) \ x \in \mathbb{R} \end{cases}$$

wobei wir annehmen, dass f insbesondere stetig ist.

Zum Schluss noch zur

Verwendung von Charakteristiken zum Lösen einer partiellen Differential-gleichung
Diese Methode eignet sich insbesondere für partielle Differentialgleichungen der Form

$$P(t, x, u)u_t(t, x) + Q(t, x, u)u_x(t, x) = R(t, x, u)$$

wobei für die gesuchte Lösung der Ansatz

$$u(t, x) = u(t(\tau), x(\tau))$$

gemacht wird und damit das Problem auf ein System gewöhnlicher Differentialgleichungen zurückgeführt werden kann

$$\begin{cases} \dfrac{dt}{d\tau} = P(t, x, u) \\ \dfrac{dx}{d\tau} = Q(t, x, u) \end{cases}$$

Was Sie aus diesem *essential* mitnehmen können

- Sie wissen zu den wichtigen Themen der Höheren Mathematik, welche Konzepte verinnerlicht sein müssen.
- Sie kennen die wichtigsten Resultate der ein- und mehrdimensionalen Analysis, der Linearen Algebra und der Vektoranalysis.
- Sowohl für gewöhnliche als auch für partielle Differentialgleichungen kennen Sie die wichtigsten Lösungsmethoden.
- Sie wissen, wie Sie zur Lösung von Standard-Problemen (Kurvendiskussion, Partialbruchzerlegung, Lagrange-Multiplikatoren etc.) vorgehen müssen.
- Sie haben im Hinblick auf Prüfungen einen guten Überblick über die verschiedenen Themen.

© Der/die Autor(en), exklusiv lizenziert durch Springer-Verlag GmbH, DE, ein Teil von Springer Nature 2022
Laura G. A. Keller, *Höhere Mathematik kompakt,* essentials,
https://doi.org/10.1007/978-3-662-64746-2

Hinweise auf weiterführende Literatur

Es folgen hier zum Abschluss einige Hinweise auf andere Formelbücher und mathematische Lexika.

Die umfangsreichsten und detailliertesten Formelsammlungen sind die Werke [9] (alles in einem Band), [10] (noch ausführlicher und in mehreren Bänden) und [7] (grosses Nachschlagewerk).

Wer etwas Kürzeres bevorzugt, findet dies bei [6].

Die Werke [1–3, 5, 8] schlussendlich sind eher kurz und knapp.

© Der/die Autor(en), exklusiv lizenziert durch Springer-Verlag
GmbH, DE, ein Teil von Springer Nature 2022
Laura G. A. Keller, *Höhere Mathematik kompakt,* essentials,
https://doi.org/10.1007/978-3-662-64746-2

Literatur

1. DMK Deutschschweizerische Mathematikkommission, DPK Deutschschweizerische Physikkommission, DCK Deutschschweizer Chemiekommission (Hrsg.), *Formeln – Tafeln – Begriffe*, 7. Aufl. (Orell Füssli Verlag, 2019)
2. B. Gnörich, *Höhere Mathematik – Formelsammlung*, http://www.gnoerich.de/formelsammlung/formelsammlung.html
3. W. Göhler, *Formelsammlung Höhere Mathematik*, 17. Aufl. (Verlag Harri Deutsch, 2011)
4. L. G. A. Keller, *Mathematik interaktiv und verständlich – für Naturwissenschaftler, Ingenieure und Mediziner*, 1. Aufl. (Springer, 2022)
5. G. Merzinger, G. Mühlbach, D. Wille, Th. Wirth, *Formeln + Hilfen Höhere Mathematik*, 8. Aufl. (Binomi Verlag, 2018)
6. L. Papula, *Mathematische Formelsammlung für Ingenieure und Naturwissenschaftler*, 12. Aufl. (Springer, 2017)
7. G. Walz (Hrsg.), *Lexikon der Mathematik*, 2. Aufl. (Springer, 2017)
8. A. Wetzel, *Formelsammlung Mathematik*, 9. Aufl. (Selbstverlag, 2021)
9. E. Zeidler (Hrsg.), *Springer-Taschenbuch der Mathematik*, 3. Aufl. (Springer, 2013)
10. E. Zeidler (Hrsg.), *Springer-Handbuch der Mathematik*, 3. Aufl. (Springer, 2013)

© Der/die Autor(en), exklusiv lizenziert durch Springer-Verlag GmbH, DE, ein Teil von Springer Nature 2022
Laura G. A. Keller, *Höhere Mathematik kompakt,* essentials,
https://doi.org/10.1007/978-3-662-64746-2

Stichwortverzeichnis

© Der/die Autor(en), exklusiv lizenziert durch Springer-Verlag
GmbH, DE, ein Teil von Springer Nature 2022
Laura G. A. Keller, *Höhere Mathematik kompakt*, essentials,
https://doi.org/10.1007/978-3-662-64746-2

Printed in the United States
by Baker & Taylor Publisher Services